情绪健身房

21天陪你应对抑郁和焦虑

陈祉妍 明志君 — 著

李子双 —— 绘

机械工业出版社

CHINA MACHINE PRESS

本书内容立足于中科院陈祉妍教授团队多年临床实践和科学研究的成果，并基于国际上经过循证认证为强有效评级的心理干预和治疗技术——认知行为疗法（CBT），将抑郁和焦虑情绪问题的心理干预和调节方法分解为简单易懂的练习模块，按照循序渐进的流程科学分配在21天内"健身"打卡完成。

你每天仅需要花费1个小时，通过21天不断地刻意练习20多种"情绪健身练习"：情绪觉察、清理负性思维、心理小测试、写下内心语言、停止术、分心术、给自己一个惊喜、积极地奖赏自己……你将学会受益终身的情绪调节的思维习惯、行为态度和心理技能，让你的生活更加平和、松弛、坚定、有力和愉悦。

图书在版编目（CIP）数据

情绪健身房：21天陪你应对抑郁和焦虑 / 陈祉妍，明志君著；李子双绘 . —北京：机械工业出版社，2023.7（2024.7 重印）

ISBN 978-7-111-73781-0

Ⅰ . ①情… Ⅱ . ①陈… ②明… ③李… Ⅲ . ①情绪 – 自我控制 – 通俗读物 Ⅳ . ① B842.6-49

中国国家版本馆 CIP 数据核字（2023）第 166024 号

机械工业出版社（北京市百万庄大街 22 号 邮政编码 100037）
策划编辑：欧阳智　　　　　　　责任编辑：欧阳智
责任校对：韩佳欣　　梁 静　　责任印制：常天培
北京宝隆世纪印刷有限公司印刷
2024 年 7 月第 1 版第 3 次印刷
130mm × 185mm · 8.25 印张 · 2 插页 · 116 千字
标准书号：ISBN 978-7-111-73781-0
定价：79.00 元

电话服务　　　　　　　　　　　网络服务
客服电话：010-88361066　　　机 工 官 网：www.cmpbook.com
　　　　　010-88379833　　　机 工 官 博：weibo.com/cmp1952
　　　　　010-68326294　　　金 书 网：www.golden-book.com
封底无防伪标均为盗版　　　　机工教育服务网：www.cmpedu.com

序

5 年前，我应北京师范大学经济与工商管理学院赵向阳老师的邀请，主讲了几期针对抑郁症患者及其家属的微课，每一期大约 10 课时。为了让这套课程发挥更大的价值，在赵向阳老师的支持下，我们将这份讲稿整理成书稿，我的助手王雅芯负责将所有内容誊录成了文字。后来，我遇到了机工社的一位策划编辑，我们达成了出版本书的意向。为了让口头语言较多的讲稿转变成书，我们中国科学院心理研究所毕业的硕士明志君做了大量认真辛苦的工作，为本书充实了很多专业内容。在此过程中，还有很多朋友提出了有益的审读意见，让这本书得以完善。这就是本书成形的过程。在此，我向为本书贡献过智慧和力量的各位同行朋友和患者朋友致以谢意。

抑郁症是当今公众知晓率极高的心理疾病。在我们开展的心理健康素养调查中，超过95％的人都听说过这种疾病。作为最具代表性的负性情绪，抑郁和很多其他负性情绪有着密切的关联，特别是焦虑和愤怒。因此，本书不仅涉及对抑郁的应对，也涉及对焦虑、愤怒等负性情绪的调节。本书的核心内容基于认知行为疗法。事实上，市面上大多数情绪调控的自助类书籍，都是基于该疗法而写就的。这正体现了其背后充足的心理学实证研究支持，并且可以被普通人所学习、练习，进而熟练应用。虽然本书成书的最初动机是帮助抑郁症患者更好地了解和应对抑郁问题，但认知行为技术适用的范围远比此广阔。需要特别说明的是，即使在培训中，我们的目的也不在于用自我调整的技能代替专业的治疗。患上抑郁症后，专业的心理治疗与药物治疗是最应采取的应对策略。但无论对于抑郁症患者还是其他人来说，生活中总会有各种压力带来情绪的起伏。如果不能很好地应对这些情绪的起伏，或者选择了错误的应对方式，人们就很可能陷入恶性循环。掌握科学的应对方法，在产生负性情绪后不落入它的陷阱，不因为心情低落而放弃积极的行动，不因为焦虑恐惧而回避应做之事——这些行为上的坚持虽然不能立即使人走出负性情绪，但至少可以阻止一个人在情绪的泥沼里越陷越深。长期坚持的积极行动则让我们有机会获得成就感，遇见快乐，遇见充实。积极行动和练习，就像去健身房健身一样。生活很广阔，我们在不同的时间点常常面临着不同的选择。做聪明的选择是不容易的，但我相信，只要我们愿意更多地学习和探索，就有机会做出更多聪明的选择。

一本书终究有它的局限性，我们宣传心理健康知识、提高公众心理健康素养的努力是长期的。如果大家对这本书有任何建议和意见，欢迎随时和我联系。

祝愿我们的读者拥有能承受风雨、更能享受幸福的心灵。

陈祉妍

2023 年 2 月 8 日

情绪"健身"指南

学会善待自己，这是一切美好开始的地方。我们都知道"爱自己"这句话，但是说起来容易做起来却很难，因为那些挑剔自己的想法是如此顽固地影响着我们，出现得如此迅速，以至于我们无法抓住它们。

其实，我们每个人的肩膀上都有"两只猴子"：一只苛责自己，一只接纳自己，它们以我们的想法为食。我们要时刻提醒自己，去喂接纳自己的那只，而不是苛责自己的那只。尽管后者不会消失，但它得到的越少，你

接纳自己的空间就会越大。这需要大量的练习。

我们特别需要一种觉察想法、评估想法的练习，需要它帮助我们放慢速度、抓住想法，好看得更清楚，发现我们是如何对待自己的。一旦我们看到或听到自己的想法，也许就不再认同它们，就可以从想法中部分地抽离出来——我的想法虽然很重要，但那不是我的全部。如果我的想法是"我真笨，我怎么能……"，那个声音也未必是我的。它也许是爸爸妈妈的，也许是别人的。我只是围绕声音创造了一个角色，那并不是真正现实的我。

苛责自己、自我评价过低，是导致我们情绪低落的主要原因，严重时会让我们陷入抑郁、焦虑等情绪的沼泽。对此，国际上一些学者基于心理治疗中认知行为疗法的原理，在网络上开发了一款名为"情绪健身房"的自助练习软件，人们可以通过一些特定的程序跟随指导进行自我训练，从而有效地减轻抑郁、焦虑等负性情绪。本书也是基于这样的理念，希望通过自助阅读的方式，帮助人们改变一些偏离现实的想法，尝试一些积极的生活体验。

挥汗如雨的运动健身过程，不仅可以塑造我们的形体，令我们更加健壮有力，而且对情绪调节也有很大作用。此外，我们知道，人的身体中难免会有一些病毒，当它们攻击正常细胞时会影响我们的身体健康。但是，心理上的病毒你听说过吗？其实，前面所说的那些过于挑剔自己的歪曲想法，就如同"心理病毒"一样，当它们"攻击大脑"时，就会对人的情绪产生不良的影响。"心理病毒"有很多种，本书把它们列举了出来，如全或无思维、过分泛化、心理过滤、草率结论、"必须"与"应该"等。

为了识别和清理"心理病毒"，本书重点传授了一种高效的情绪健身法即"九字真言"（有用吗？真的吗？又怎样？），配合以自动思维记录表。自动思维记录表记录的是包含觉察情绪、觉察想法、评估想法、形成新想法等一系列思想的思维运动过程。这种思维运动是本书的核心，其本质是一种觉察与自辨——不仅是对当下具体人或事的觉察与自辨，也是理解世界、他人和自己信念的觉察与自辨。这种思维运动需要反复不断地练习，就像我们健身时需要不断强化某个身体部位的动作才能练出肌肉一样，情绪"健身"也需要不断地重复才能形成思维习惯。我们的目标是能够在遇到困扰时顺利地应用这些思维习惯，战胜困扰，不断建构新的自我成长图景。

本书强调，认知、行为和情感之间有着密切的联系，三者之间互相影响，任何一个发生变化都会影响另外两个。自我认知是人们借以观察世界的"镜片"，也是定义自我存在、理解世界的途径。自我认知的显著变化，意味着人在理解世界、理解自己方面的巨大调整。一个人每次行为的改变都会强化行为背后的动机，积极的行为会让内心产生更多的积极体验。当我们对行为有不同体验时，情绪就已经产生了变化。我们在书中将"改变认知"比作情绪调节的"内功"，将"改变行为"比作情绪调节的"外功"，"内功"与"外功"一起练习，效果更好。

本书结构总体上是按照循序渐进原则安排的，特别是在第一部分"情绪调节21天练习"中，前面的练习往往是对后面练习的铺垫，后面的练习是对前面练习的深化。所以，当你第一遍阅读本书时，建议按照从前至后的顺序进行阅读。当然，我们也并不认为从头到尾把书中的练习做过一遍后，你就可以摆脱情绪的困扰，因为多数练习是需要长期坚持的，比如运动、想法评估、清理负性思维等，我们关注的是你是否掌握了这些知识与技能，能否在生活中运用。同时，我们强调，阅读本书时仅仅动脑思考是远远不够的，有的内容需要你拿起笔来写写画画，有的内容需要你在生活中多体验，总之就是需要练习，练习，再练习，以及体验，体验，再体验。随着一些你从未感受过的新体验不断出现，它们会慢慢地融入生活，成为你生命中的一部分。

也许你会问："说了那么多，这是一本讲抑郁情绪调节的书，可我没有抑郁症，它适合我阅读吗？"答案是肯定的。

本书重点关注了对抑郁、焦虑、愤怒等情绪的调节，是因为这些情绪困扰最为普遍、最为难缠。尽管如此，本书写作的初衷并不局限于服务抑郁症患者，而是希望广大读者都能够从书中获益，作者最大的希望，就是它能够成为人们生活中自我调节情绪的枕边书。每个人都可能在某一段时期情绪不佳，可能会为一些情绪所困扰，但就严重程度来说，你也许还不需要到心理咨询师那里求助。此时，你可以运用本书中的练习来自我调节，从而走出这段低谷期。

或者说，你已经需要专业人员来帮助自己了，那么在接受心理咨询与治疗的同时，本书也可以作为一本专业性的自助手册来使用。书中介绍的情绪调节方法虽然来源于认知行为疗法，但是当你接受精神分析、人本主义、系统治疗等其他流派的心理咨询与治疗时，做这些练习同样有助于你早日恢复健康。

或者说，你只想防患于未然，把本书作为预防心理健康问题的日常练习册，这也是可以的。书中练习的重点在于培养有效的思维方式和积极的生活态度，对于预防抑郁和焦虑等问题、保持与促进心理健康是终身有益的。撰写本书时，我尽量避免使用心理学术语和概念，力求通俗，便于读者理解。

人生旅途漫漫，我们在回望过去之时常常会发现，很多不经意的选择引发了后来很多的惊喜。尽管读一本好书难以转变人生的轨迹，但是可以让你收获更多积极的视角和体验。我们从出生到现在，无论是身体还是心理都一直在变化着。变化是永恒的主题，也是我们的希望所在。追逐希望的旅程是一场冒险，有风雨也有彩虹，有恐惧也有惊奇。愿这本书陪伴你走上一程。要出发了，你准备好了吗？

见证你的改变

一位产后抑郁症康复者读书稿有感

　　我想我和这本"抑郁小书"应该是有缘分的。在我2019 年抑郁症急性发作期间，我每天魔怔一般在网上搜索抑郁康复主题的帖子，然后比对自己的各种症状，想知道自己何时能逃出这重度抑郁伴焦虑的炼狱。直到现在，我的手机里还存着北师大赵向阳教授题为《我从抑郁归来》的帖子。可以说，赵老师的一些话至今还在影响着我。虽然我只用半年时间就得到了临床治愈（我很幸运，拥有较好的医疗资源和给力的社会支持系统），但康复后近两年来，我时常回想起那个黑色的夏天，那种感觉恍如隔世，无法用语言形容。我很确定的是，我愿意把自己的一些体会与还在受抑郁症折磨的人分享，至少让他们通过我的康复经历看到一点儿希望——我现在的状态比生病之前还要好。

我在急性发作期过后，体力和精力稍微恢复时，就购买了《伯恩斯新情绪疗法》，学习里面的"自救技巧"。那时我边读边抄写书里触动我麻木心灵的语句，机械地跟着里面的方法做笔记、写日记，一次次推翻自己的负性思维。我想说的是，认知的改变真的能引起行动的改变。我们每个人无论处于何种境地，始终都拥有两种机会：可以放任自流，也可以主动学习一些知识和技巧来保护自己的身心健康。

后来，我有幸见证了这本抑郁情绪调节练习小书的成书过程，这期间来来回回读了 3 次以上，每次都有不一样的体会。总的来说，这本书的实操性较强，尤其是将情绪调节练习细分成 21 天的内容，读者完全可以根据适合自身的进度进行练习。同时，书里教授的内容不论是对于已经处于抑郁状态的人，还是对于想学习预防抑郁情绪技巧的人，都是十分有用的。有过抑郁经历的人应该都能体会，那种正能量满满、空讲大道理的"心灵鸡汤"都是当事人在抑郁状态下想极力避免接触到的。与那些内容不同，这本书就像一个安静地陪在我们身边的朋友，不做评判，只是陈述一些事实和方法，让我们根据内心真实的感受去慢慢练习、厘清思路、重建信心。书里还提供了运动方法、思维方法以及情绪评估练习等方法，让读者学会质疑日常的定式思维，看到其他的可能性。诚然，作者也说过，掌握这些自我情绪调节技巧无法代替接受规范的治疗，但作为一个为自我负责的成年人，主动学习和掌握这些知识是十分必要的，因为你永远不知道何时就会用到它们。

一位科技工作者读书稿有感

近来，身体健康受到越来越多的关注，我也加入了全民健身的潮流。当然，我更关注身体健康的精神支柱——心理健康。毕竟，在现代高压生活下，我们每个人都存有或多或少的负性情绪，都需要进行心理调节和锻炼。愤怒焦虑时，沮丧难过时，我就会来情绪健身房充充电。遇到不开心的事，我就用"九字真言"(有用吗？真的吗？又怎样？)问问自己，舒缓当下的情绪。平时常做清理负性思维练习，体会每一种情绪，潜移默化地引导自己对事物的积极认知。情绪需要调节，习惯需要培养，用 21 天见证自己强大而自信的内心！

目
录

第一部分·情绪调节 21 天练习

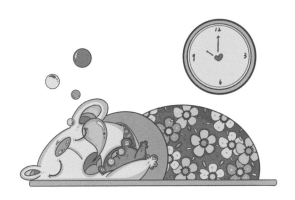

第二部分 · 情绪调节拓展知识

第
一
部
分

情绪调节
21天练习

第 1 天

了解情绪

1. 列出情绪词

人活于世，有多少事物可以自己掌控，又有多少外部环境和力量的制约让自己无能为力？这是理解人生的基本问题，我们无法给出准确的百分比作为答案。那么，我们可以在多大程度上把握自己的情绪呢？我们对它们真的完全无可奈何吗？要寻求答案，就让我们从了解情绪的练习开始吧！

结合自身体验，尽量多地写下描述情绪的词。无论是消极的、积极的还是中性的词，只要你能想到，就把它们写下来。

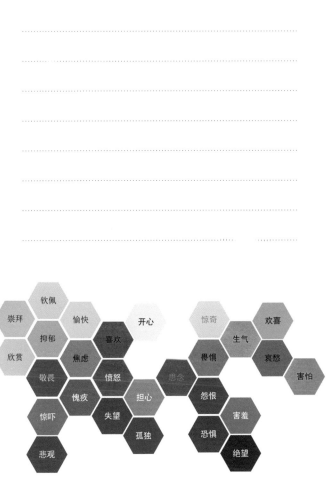

情绪来临，我们完全无能为力吗

情绪是每个人生活的重要组成部分。我们面对一件紧急事情时，会变得紧张，还会情不自禁地担忧，这很常见。必须承认，情绪不是完全受我们自己控制的。科学研究发现，遗传基因会影响一个人的情绪，一些拥有某种基因的人会更容易愤怒、更敏感、更容易出现强烈的情绪。

但是，情绪也并非完全不可控。**当一种情绪出现并且被觉察到时，我们就拥有了一定的掌控力。**当然，如果情绪过于强烈，我们理性思考的调控能力就会濒临瘫痪，这时调控情绪的成功概率确实比较小。然而，概率小，不等于完全不可控。

例如，有人会说：

"我脾气上来就完全控制不住自己。"

"我心情低落的时候根本控制不了自己。"

像这样的话语在生活中很常见，但它们往往是不太准确的。**人们发脾气时往往会选择环境，选择有底线的发作方式。**比如，我曾经的一名来访者说："我脾气上来就完全控制不住自己，比如打电话时，别人可能并没有说冒犯的话，但是我会过分敏感，一下子就生气了，挂了电话。"

我问："你为什么会把电话挂了，而不在电话里骂他们呢？"

他说："我不会这样做，因为我有做人的标准，不会把脏话、难听的话直接说出来，所以我很快就把电话挂掉了。"

从这个小例子中我们可以发现，他虽然非常生气，但会选择一种他觉得不过分、不影响对自己道德期许的方式来表达愤怒。人在很多时候并非像自己所说的那样"完全失去了控制"，而是保留了一丝理智。尽管人们在非常愤怒、紧张、焦虑的时候控制自己并不容易，但是"不容易"和"我不能"之间是有差别的，平时多进行情绪调节训练，让这种"不容易"在负性情绪发作时转化为更多的可能性。

2. 情绪觉察练习（第1次）

　　我们每天都会经历一些事情，也会体验一些情绪，请尝试把它们记录下来，无论是自己的，还是他人的。这样做有利于我们感受情绪，也是缓解情绪困扰的第一步。例如：

　　（1）记录一件当前发生的事情或者过往的经历。

　　（2）在这一过程中，无论是在心理上，还是在身体上，你产生了什么样的体验？

....

....

....

....

....

....

我们需要分辨出那些负性情绪带来的不良反应，不能顺着不良反应来生活，而要适度地和这种不良反应做斗争。比如，当你觉察到自己"没有力气"或"不想做事情"的时候，你需要提醒自己："**这是情绪低落带来的不良反应，并不代表真正的我，我不能完全顺着它去生活，不能真的不出去、不行动、不去做事情。**"

因为无论是抑郁还是焦虑情绪，如果你顺着它，就可能把这种情绪越"养"越大。抑郁让人总惰，不想运动，不想做事情；焦虑让人担忧，想要回避感觉不舒服的事情。这些行为在负性情绪下非常自然地出现，但不利于生活。当你提高觉察力后，要告诉自己："**我不能顺着这种负性情绪去做决定，我应该根据生活中总体上的利弊来做判断和选择，因为我内心中由负性情绪引发的一些判断是不准确的。**"

如果此时你的负性情绪过重，完全无法思考和权衡利弊，你可以遵照"先行动"的准则，做好身边的小事，哪怕是回一封邮件，看一页书，洗一个碗，浇一浇花……先完成能做的事，不急于评判"有用无用"，你在不知不觉中就会找回做事的动力。

3. 运动起来吧

科学研究表明，运动有益于身心健康，对改善情绪尤为重要。有学者就 75 种运动与心理健康之间的关系对超过 100 万人进行研究后表明，[1] **无论进行哪种类型的运动，运动永远比不运动好。只要运动，情绪状况就会有所改善。** 也许你会说，不知道该怎样选择运动。下面列出了几种类型的运动，看看有没有适合你的。

类 型	运 动
球类运动	足球、篮球、羽毛球、乒乓球、网球、保龄球……
骑行运动	骑马、骑自行车、骑摩托车……
舞蹈、体操或武术运动	尊巴、广场舞、八段锦、太极拳……
步行运动	短跑、长跑、散步、徒步……
冰雪和水上运动	滑雪、溜冰、游泳、跳水、划船、冲浪……
其他	跳绳、踢毽子、做瑜伽……

研究发现，调节情绪效果最好的运动为团体运动、骑行运动、健身房有氧运动等，**团体运动对消除抑郁情绪的帮助尤其明显。**

从时间和频次来说，是不是锻炼得越久越好，多多益善呢？答案是否定的。每次锻炼的最佳时间为 45～60 分钟，少于 45 分钟，效果减弱，大于 60 分钟，效果非但不会更好，还可能会产生负面影响。从频次来说，也不用天天锻炼，每周 3～5 天，每天 1 次，效果最好。

如果你是一个爱运动的人，那就合理安排运动量，尝试让效果最大化吧！

如果你总是宅在家里，那就先克服地心引力，从沙发上站起来吧。

你想从哪种运动开始呢？

第 2 天

评估情绪

4. 抑郁情绪的简要评估（第 1 次）

　　情绪调节训练的基础是情绪觉察。只有在觉察到情绪之后，我们才有调节的余力。**抑郁、焦虑是十分常见的情绪状态**，每个人都经历过，只是程度不同，会随着生活的变化而出现波动。如何更准确客观地觉察情绪呢？有时我们需要借助心理测评量表。

　　抑郁是最常见的心理症状之一，也是多种心理障碍的共有症状。询问受测者有无情绪低落等典型的抑郁症状，可以判断其是否存在抑郁，以及严重程度如何。

抑郁自评量表 [2]

下面 9 个句子描述的是人们在生活中常有的一些感受。请根据你在最近一周中的情况，在相应的选项下打 "√"。

	无或少于 1 天	1~2 天	3~4 天	5~7 天
1. 我感到悲伤难过	0	1	2	3
2. 我觉得沮丧，就算有家人和朋友的帮助也不管用	0	1	2	3
3. 我不能集中精力做事	0	1	2	3
4. 我生活愉快	3	2	1	0
5. 我觉得孤独	0	1	2	3
6. 我提不起劲儿来做事	0	1	2	3
7. 我感到消沉	0	1	2	3
8. 我感到快乐	3	2	1	0
9. 我觉得做每件事都费力	0	1	2	3
1~9 题的总分				

注：第 4 题和第 8 题为反向计分。

计分方法：把每一题对应选项的分数直接相加，得出总分。

总分各分数段对应的解释：

0~9 分表示你当前没有抑郁问题，情绪基本健康；

10~16 分表示你当前有一定可能性存在抑郁问题；

17~27 分表示你当前存在明显的抑郁问题。

5.焦虑情绪的简要评估（第1次）

焦虑是最常见的心理症状之一，也是多种心理障碍的共有症状。本量表用于评估受测者最近两周的焦虑水平，判断其是否存在焦虑，以及严重程度如何。

广泛性焦虑量表[3]

在最近两周里，你是否出现过下列感受？在相应的选项下打"√"。

	完全没有	有几天	超过半数时间	几乎每天
1. 我感到紧张、焦虑、不安	0	1	2	3
2. 我无法停止或控制自己的担心	0	1	2	3
3. 我过于担心各种事情	0	1	2	3
4. 我难以放松	0	1	2	3
5. 我坐立不安	0	1	2	3
6. 我容易生气上火	0	1	2	3
7. 我感到害怕，好像会发生糟糕的事	0	1	2	3
1～7题的总分				

计分方法：把每一题对应选项的分数直接相加，得出总分。

总分各分数段对应的解释：

0～4分表示无焦虑；

5～9分表示轻微焦虑；

10～14分表示中度焦虑；

15～21分表示高度焦虑。

我们希望你在进行情绪调节练习的过程中，**每周都完成一次对抑郁、焦虑情绪的监测**，即使用这两个量表对自己当前的情绪状态进行评估。

心理测评可以看出一个人有没有病吗

答案是否定的。心理测评只是了解心理状态的手段之一，即使测出来你存在明显的抑郁问题，也并不一定代表你患上了抑郁症，这两个简单的心理评估工具对一些非典型症状的评估并不全面，所以在判断一个人的抑郁、焦虑情绪是否足够严重时会有一定的误差。**严格来说，心理诊断只能由临床医生来进行。**但是这两个自我检测工具对我们觉察自己的抑郁和焦虑情绪有很好的参考价值。如果持续地用同一个工具来自我监测，你还可以注意到自己情绪的起伏。

6.情绪觉察练习（第2次）

　　我们每天都会经历一些事情，也会体验一些情绪，请尝试把它们记录下来，无论是自己的，还是他人的。这样做有利于我们感受情绪，也是缓解情绪困扰的第一步。例如：

　　（1）记录一件当前发生的事情或者过往的经历。

　　（2）在这一过程中，无论是在心理上，还是在身体上，你产生了什么样的体验？

....

....

....

....

第 3 天

探索情绪背后的想法

7. 尝试探索情绪背后的想法

　　情绪调节技能的基本假设是：**情绪不是由事件本身直接带来的，而是由你对这个世界的理解和事件所引发的想法带来的。直接导致情绪出现的不是事件本身，而是对事件的想法。通过调整我们的想法，我们就可以更好地调节自己的情绪。**例如，"我是一个失败者"这个想法可能会让你感到悲伤，导致你哭泣和退缩；"快考试了，可我还没有复习好"这个想法可能会让你感到焦虑。如果你找到这些想法，并调整它们，情绪就会有所转变。

但是，情绪往往是瞬间发生的，要探索情绪背后隐藏了什么样的想法，我们就要尽量放慢速度来觉察。

第一步：请写出发生的事件。最近有什么事让你感到不开心吗？或者在你感到伤心、担忧、生气时，头脑中会浮现出什么样的画面？请简洁具体地写出来，比如在什么时间、地点，与谁在一起，发生了什么。

....

....

....

第二步：请写出你的感受。这个事件伴随着哪些情绪体验？

....

....

....

第三步：请写出你的想法。

回顾第一、二步的事件和情绪体验，试着把你对这个事件的想法写出来：

....

....

....

例如，被领导批评后，你可能会烦恼，会对某些人感到愤怒，这听上去顺理成章。此时，请你问一下自己：当我烦恼时，脑海中出现了什么画面？我在想些什么？这些想法可能是"是我不好，老是做错事""生活真不公平，我总是倒霉"。

我们通过经历各种事件（有的是好事，有的是坏事，有的不好也不坏）来体验这个世界。当我们遇到不如意的事件时，自然就会产生不愉快的感受。然而哪怕是生活中看起来最正常的经历，实际上也并不简单。事件带来的感受并非来源于事件本身，而是由你对事件的想法所决定的。我们通常基于自己过去的经历或信念，为事件赋予意义，并由此产生感受，如图1所示。

图 1　情绪的产生过程

　　"感受"由我们对事件的想法而产生，它并非实际事件，不能代表事件的全部。当我们对事件全面准确地进行理解时，情绪通常在正常的范围内波动；如果我们的想法是不准确的，甚至是歪曲的，就会引起痛苦，这在抑郁、焦虑中十分常见。

　　生活中，我们的想法受多种因素影响，许多因素使我们对事件的理解不那么准确，甚至是完全错误的，这种现象在心理学中被称为认知歪曲，我常常把它比喻成"心理病毒"。它"攻击大脑"时，会对我们的心理健康产生不良影响。

　　认知歪曲以各种形式不同程度地存在于每一个人身上，因为每一个人认识世界的能力都是有限的，存在着不同程度的认知偏差。当这种偏差较小时，不会对生活产生大的影响。但是，当偏差达到一定程度，甚至脱离现实时，心理痛苦就会特别强烈地发作。

如何把自己的觉察能力用起来

随着情绪觉察能力的提高，你觉察消极想法的能力也会慢慢提高。有的人可能会说："我是一个缺乏自信的人，总是有点自卑。"也许他概括得很好，有觉察能力，但是并没有很好地运用这一点。一个人说"我自信心不足"，这意味着什么呢？这是一种对过去生活的归纳，其实意味着他在做很多事情时低估了真实的自己，也许他的实际能力并没有那么低。自信心不足是指：我也许能做好的事情，我觉得自己做不好。这是一种阻碍自己前进的不良反应，如果你对它熟视无睹，任它影响自己，却不与之做斗争，你就没有把自己的觉察能力真正用起来。

如何才能把自己的觉察能力用起来呢？其实很简单，就是在你觉得自信心不足，在决定要不要做某件事情、要不要对某个人说某句话、要不要在他人面前表现自己等情况下犹豫不决时，你需要提醒自己：**我自信心低，这意味着，我会低估自己的水平，我的真实水平不像我感觉的那么糟，所以我要稍微进行调整，不能完全依据我的恐惧、紧张、想逃避等感受去做决定，要把对自己的估计调高一点。就算没信心，我还是可以考虑尝试一下，不试试怎么知道呢？**

8. 识别"心理病毒":全或无思维

下面是一些常见的想法,你能够说出不合理之处吗?

(1)"你没能全心全意地对待我,你就是不关心我,完全不关心我。"

参考答案:简单地把"他没有付出我希望他给予我的关心"当成"他不关心我,甚至从来都不关心我",意味着我们对事情有极端化的看法,一端黑一端白,或者一端是全部,一端是完全没有。如果对生活中的具体事情从简单的两极出发来判断,我们往往会忽视很多东西,解决问题的方式也可能会非常有限。

(2)"我考试的目标是满分,考100分才算成功。结果我考了98分,我真是太失败了!"

（3）"你没有支持我，就是反对我！"

....

....

....

这 3 个想法有一个共同的特征，就是看待事情"非黑即白"，我们称之为全或无思维。现实生活往往是复杂的，我们不能简单地看待问题。例如"你可能不是全心全意地关心我，但是在我特别需要你的帮助时，你会注意到，所以格外关心我；有时关心会占用你较多的心思，比如说 70%"，这样的思维通常更接近真实状况，毕竟我们生活中的很多方面是一个连续体。

仔细体会，你的生活中有过类似的情况吗？可以试着把它们写出来吗？

"心理病毒"会遮挡我们解决问题的视线

全或无思维在生活中会通过各种形式表现出来。**如果你发现自己说话时会用到一些简短而极端的句子，这可能就是全或无思维的体现。**当你发现可选择的道路只有两条时，也需要问一问自己有没有在使用过于简单的两极化的思维。生活中问题的解决方案其实有很多，只是我们在极端的情绪下不容易想到。当你情绪平静了，往往就能想到更多。有时只是你的视线受到了遮挡，只要找朋友聊一聊，你也许就会发现更多的解决方案。

9. 评估情绪与想法的程度

　　这种训练有利于认识到情绪和想法都是连续体。我们可以对情绪的强度进行评分（0～100 分），例如，你可能生气了，在有些事上火气比较小，在有些事上火气非常大，从 0～100 分进行评分，就是评估自己处在从没有生气到极度生气之间的何种程度，用言语可以表达为：轻微的生气可能是感到有点儿失望，比这个更强一点儿的也许是恼火，之后可能是气愤，特别生气也许是暴怒、狂怒、怒不可遏等。关于对想法的相信程度也是如此，可以从 0～100 分进行评分，0 分代表不相信，100 分代表完全相信。

　　下面请你结合自己的体会，找到一件与自己有关的事件，尝试写下相应的情绪和想法，并为它们评分。

简易情绪与想法记录表

	时间（年／月／日）	
事件	引起不愉快情绪的事件或回忆	
情绪	情绪类型（如悲伤、焦虑、生气等）。请为每种情绪的强烈程度打分（0～100分），0分为无或最轻微，100分为最强烈	
想法	找到隐藏在情绪后面的想法（可能有很多条）。请为对每种想法的相信程度打分（0～100分），0分为不相信，100分为完全相信	

第 4 天

九字真言

　　当我们改变那些不合逻辑、自我苛责的想法后，就能够改变我们的情绪。但是，歪曲的想法常常具有"保护色"，有伪装性，它们会让我们习以为常，且坚信不疑，从而逃过我们的检视。我们需要不断地对它们进行评估，不断地向其挑战，才能令其符合现实。

　　如何评估和挑战歪曲的想法呢？参考我归纳为三句话的**"九字真言"**，即：**"有用吗?""真的吗?""又怎样?"**你需要依次使用这三句话对自己的想法进行提问。

　　比如，你发现你在想："我怎么这么没用？"这样一个想法让你非常沮丧，你甚至联想到了过去的很多次失败的经历。如果你反复地对自己说"我怎么这么没用"而不加以调整，就很可能会陷入沮丧的情绪旋涡里无法自拔。所以当你找到了这个想法之后，就可以用刚才的三句话来进行调整。

（1）"有用吗？"

假设你一直对自己说："我怎么这么没价值，这么没用？"这个想法有用吗？我们可以从两个角度来评价，**第一个角度是：当你这么想的时候，你的心情会更愉快吗？**如果你常常对自己说，"我真是一个没用的人，我是一个很笨的人"，你的心情当然不会好，所以从这个角度来说，这是一句没有任何帮助的话。**第二个角度是：这么想有助于你解决问题吗？**显然没有帮助。这个方法听起来可能会比较熟悉，类似于在生活中我们经常会劝自己或劝别人："钱包丢了别烦了，再烦钱包也不会自己回来。""别想啦，再想也没有用，事已至此，就随它去吧，兵来将挡水来土掩，我们就不要再反复想了。"所以，有时候我们判断想法无用，就可以让消极的想法停止。

（2）"真的吗？"

当你对自己说"我真没用"时，**这句话是真的吗？**

怎么评估它是不是真的？我们首先要找支持证据，再找**反驳证据**。比如说，支持"我真没用"这个想法的证据，包括"面试屡屡失败""有人是优秀毕业生，而我不是"，等等。然后，你要列出反驳这个想法的各种现实证据，比如说，"尽管我不是优秀毕业生，但我还是正常毕业了，我拿到了毕业证书和学位证书，相比身边有些朋友，我其实已经有了一些虽然不太满意但仍然很不错的职业选择"。**现实证据通常有多种，有的来自我们自己的生活经验**，即在思考哪些证据支持这句话为真，哪些证据能反驳这句话时，我们需要提取自己的回忆，参考自己的经验。**也有证据来自科学方面**，例如，如果担心飞机失事，就可以寻找科学证据，即飞机失事的概率是多少。综合各方的证据之后，你也许依然不会放弃自己原来的想法，但是**只要动摇原来的想法，就会产生积极效果，负性情绪的强度就会下降**。

（3）"又怎样？"

这句话有两个层面的含义，**第一个层面："这真的糟糕透了吗？我真的活不下去了吗？"**当我面试失败，觉得自己完全没有价值的时候，这种情况真的是糟糕透了吗？未必。当然，我不希望这样的事情发生，但是我仍然可以好好活下去。**第二个层面："我应该怎样去应对？可以用哪些方法去解决不良的情况呢？"** 面试失败了，我该怎么做呢？接下来的生活会怎样呢？也许我可以继续尝试其他的机会，虽然错过了我最喜欢的，但是生活仍然可以继续，我仍然可以应对挑战。

"有用吗？真的吗？又怎样？"我们用这三个问题调整自己的消极想法之后，会形成更符合现实的新想法。例如，让你感到沮丧的想法是"我真没用"；你可以把它换成一个更符合现实的想法："我这一次失败了，原因可能出自外部也可能出自内部，但我还是可以去争取其他的机会。"你可以把"我真没用"的自我评价慢慢调整为"我虽然不是样样优秀、样样成功，可我还是一个有优点、有价值的人"。

使用"九字真言"需要注意 3 个要点：

（1）一定是对想法进行提问，而不是对情绪或行为。

（2）一次只对一个想法进行提问。当我们内心有很多想法时，不要对它们进行整体评估，而要尝试把它们分开，分别对每一个想法进行评估。

（3）**生成一个更接近现实的新想法。**这个想法是有依据的，更符合实际的，同时会削弱你对消极想法的相信程度。你也许会发现，表达极端想法的句子常常很简短，而符合现实想法的句子往往复杂，这是因为一个人的心理健康与精细的语言能力和准确的逻辑能力都是有关系的。

"真的吗？"是"九字真言"中最重要的三个字，当你在现实中收集积极证据和消极证据时，你实际上提高了自己的"现实检验能力"，让情绪反应更符合你的实际情况，而这可以让情绪更健康。

10. 用纸笔写下内心的语言

如何让我们的想法慢下来，并被清晰地觉察到呢？用纸笔记下想法是一个好办法。用纸笔的价值在于，**书写能够让你把想法整理得更加有条理，更加可控，也更容易调整。**

人在生活中常常有一些内心语言，时常与自己对话，比如，"你干得不错""你真是失败"，等等。**书写训练是重要的情绪调节手段，当你练习得更多之后，你就可以慢慢地脱离纸笔，回到内心的对话中。**

此时，请你先拿起笔，试着写写自己的想法吧。

....

....

....

11. 想法评估练习（1）

　　下面的例子，请尝试用"九字真言"进行评估。当你难以梳理思路时，书写也许能够让你把想法整理得更加有条理，也更容易调整。

　　"爸爸胃癌要做手术，我非常担心，爸爸的病治不好怎么办？"

　　第一句：有用吗？

　　...
　　..
　　...

　　第二句：真的吗？

　　...
　　...
　　...
　　...
　　...

第三句：又怎样？

....

....

....

新的想法：

....

....

....

答疑解析

有用吗？这样想既不能让我的心情好一些，又不能帮助我解决问题，也不会让我爸爸的病情好转。

真的吗？真的没救了吗？凡事都有可能，我应该寻找一些科学证据。虽然科学证据不能准确预测每个人的病程，但是就特定种类的癌症来说，在不同阶段采用的治疗方法对平均生存期和治愈概率的影响，都是有一定证据的，我们可以查问一些资料来供自己参考。我相信有了科学证据之后，情况通常不会是百分之百糟糕的。

又怎样？胃癌虽然是重症，但爸爸真的没救了吗？也有很多人带着癌症生活了几十年，也许我们并非毫无希望。假如肿瘤真的复发转移了，生老病死是自然规律，哀痛有时就是无法避免的，生活还是要继续，长辈活着时我可以好好孝顺他，尽量不留遗憾。

新的想法：爸爸虽然身患重病，但是过分担心并不能有效地解决问题。我要从医学资料中查找相关的证据，不放弃希望，同时好好地孝顺长辈。

12. 想法评估练习（2）

　　一个人很紧张时，他的情绪是由想法在支撑的，那么这些想法是什么呢？也许是"我不太善于在很多人面前讲话，人们都会笑话我，会觉得我是个无能的人，会瞧不起我，不再信任我"。请选择一个想法进行评估。

　　有用吗？

....

....

....

　　真的吗？

....

....

....

....

....

又怎样？

....

....

....

新的想法：

....

....

....

答疑解析

想法："在很多人面前，我无法很好地讲话，这很糟糕。"

有用吗？对自己说"我讲不好"，这能让我讲得更好吗？似乎不行。不断地在心里说"我讲不好"时，我能够变得更愉快吗？不可能。

真的吗？搜集过去的经验，先找支持的证据，再找反驳的证据。我想起有人曾反映过我讲话时声音太小，让人听不清，这种情况出现了不止一次。我有时候会觉得介绍完自己之后心情很糟。暂时想不到别的支持证据了。反驳证据有什么呢？我好像也有过当我介绍完自己，别人就对我很感兴趣的经历，对方跟我打招呼说："你好，我和你一样。"我发现自己的大多数自我介绍并没有产生负面的效果，后来朋友在描述对我的第一印象时也没有太多负面的内容，反而有人说，他对我的第一印象是不错的。

又怎样？可以问自己："我在很多人面前讲话时，会讲得很糟糕，那又怎样？"我做自我介绍时，说话声音太小，偶尔也有点颠三倒四，没有很好地表现，那又怎样？是不是我再没有办法活下去了？情况真有那么糟糕吗？我有没有什么日后弥补的方法？客观来看，我实际上会沮丧一小会儿，但是第一印象不会全面地影响我的人际关系，因为来日方长，我以后再和别人接触时，可以重新介绍一下自己，或者在我不再紧张时再去让更多的人了解我。

新的想法：虽然我有时不能在很多人面前很好地讲话（我不希望这样的事情发生，这会让我感到不愉快），但是，我也有讲得不差的时候。即使没有讲好，这也不是糟糕透顶的事情，也许还有弥补的机会。

评估想法时，不可太贪心

情绪健康不等于百分之百的快乐，也不是完全没有沮丧或焦虑，而是让沮丧或焦虑不要过于强烈或过久地停留。如果不罗列支持或反驳"我真没用"这个想法的证据，你就是在放任这个声音在心底回荡。你对这一想法的相信程度可能是 100 分，所以感到非常难过，沮丧、焦虑的程度可能达到 80 分。当你把正面证据和反面证据都罗列出来后，你会发现这个想法并不那么准确，对想法的相信程度可能降到了 60 分，甚至更低。随着对想法相信程度的下降，情绪也会得到调整，沮丧、焦虑程度可能从 80 分降到了 60 分、50 分。也许有人希望把负性情绪程度调整到 0 分，但生活并不是非黑即白的，所有方法也不是百分之百有效或无效的。我们调整情绪时，能够使用符合现实的科学方法进行改善，就是一种进步。而且随着练习的日常化，你越多地评估自己的想法，情绪调整的效果就会越好。

第5天

自动思维记录表

13. 认识自动思维记录表

自动思维记录表是一种主动地觉察和调整情绪的有效方法。它不是直接让你告诉自己"我不能再生气""我不能再焦虑""我不能再沮丧"，而是引导你**觉察负性情绪背后的想法是什么，把这个想法拿出来评估，分析这个想法有没有必要，是否准确，之后用更符合现实的想法来替换它。**这个心理技能是对前几天练习的整合，也是情绪调节练习的核心。用纸笔梳理自己想法的最有效方法就是填写自动思维记录表，表格形式见第048～049页。

表格由七栏构成。第一栏是时间，即大概什么时间出现了负性情绪；第二栏是引起负性情绪的事件，也可能是内心构建的某个情境，或者回忆；第三栏是出现的具体情绪，可能是一种，也可能是多种。

第四栏是引发和维持情绪的自动思维。比如，我遇到堵车了，十分着急，那么"着急"对应的想法可能是"我可能会迟到，迟到会很糟糕"。**判断想法是否准确的方法是：写出想法后，在心里默念或者念出声来，看看会不会引发前一栏的情绪，如果会，就说明这个想法找对了。**如果几种情绪交织在一起，比如"既紧张又后悔"，那就把它们拆分成多行来写，之后寻找"紧张"对应的想法是什么，"后悔"对应的想法又是什么。一种情绪背后也可能有多种想法，比如说"紧张"背后有两个想法，你可以把"紧张"写一行，然后把两个想法各写一行。总之，注意不要把多个想法和多种情绪混在一起，要分几行对应填写，每行只填一句话而不是一段话。

第五栏是对想法进行评估。重点是用"真的吗？"评估，列出支持和反驳的证据。有些想法也可以用"有用吗？"和"又怎样？"评估。

第六栏是写下新想法。写下评估后形成的更符合现实的新想法，重新评定对之前想法的相信程度。

第七栏是重新评估情绪强度。当你用更准确、更现实的想法取代之前的想法时，注意你的情绪类型或情绪强度的变化，同时思考下一步可以采取的行动。

在这样一个逐步分解和检查想法的过程中，你一开始会感觉耗费精力，但是练习多了之后，你就会建立一种新的思维习惯；再次遇到负性情绪时，你就可以自然而然地进行有效调整。这是一种让人终身受益的心理技能。

14. 填写自动思维记录表

下面有这样一个例子供你练习，请将内容填写到自动思维记录表中。

2020 年 10 月 17 日，小李与朋友约定见面，朋友迟到了。小李感到很失望（强烈程度 70 分），心想"他真是一个不信守承诺的人"（相信程度 60 分）。之后，她又想，"这是真的吗？虽然他这次迟到了，但他之前还是守时的，一次迟到还不足以证明他是一个不守信的人"。重新体会之前的想法，"他真是一个不信守承诺的人"的评价也许是不太准确的（相信程度 30 分），小李失望的情绪得到了缓解（强烈程度 40 分）。

当你觉察到自己的情绪开始变坏，或者回忆起不愉快的经历时，下你的想法或脑海中的画面。

时间	事件	情绪	自动思维
	引起负性情绪的事件、情境或回忆	1. 情绪类型 2. 评定情绪强度（0～100分）	1. 情绪背后的想法 2. 评定对每个想法的相信程度（0～100分）

记录表

问问自己："此时我在想什么？"同时尽快在自动思维这一栏中简要记录

想法评估	新想法	效果
1. 有用吗？ 2. 真的吗？ 3. 又怎样？	1. 更符合现实的新想法 2. 重新评定对原想法的相信程度（0～100分）	1. 重新评定情绪强度（0～100分） 2. 可以进一步采取的行动

答疑解析

当你觉察到自己的情绪开始变坏，或者回忆起不愉快的经历时，下你的想法或脑海中的画面。

时间	事件	情绪	自动思维
2020年10月17日	引起负性情绪的事件、情境或回忆	1. 情绪类型 2. 评定情绪强度（0～100分）	1. 情绪背后的想法 2. 评定对每个想法的相信程度（0～100分）
	与朋友约会，朋友迟到了	失望, 70分	他真是一个不信守承诺的人, 60分

问问自己:"此时我在想什么?"同时尽快在自动思维这一栏中简要记录

想法评估	新想法	效果
1. 有用吗? 2. 真的吗? 3. 又怎样?	1. 更符合现实的新想法 2. 重新评定对原想法的相信程度(0~100分)	1. 重新评定情绪强度(0~100分) 2. 可以进一步采取的行动
这是真的吗?虽然他这次迟到了,但他之前还是守时的,一次迟到还不足以证明他是一个不守信的人	1. "他真是一个不信守承诺的人"的评价也许是不太准确的 2. 之前的想法,30分	失望,40分

15. 核心练习：清理负性思维（第 1 次）

今天，结合自己的经历，开始第一次完整的练习吧。

时间	事件	情绪	自动思维
	引起负性情绪的事件、情境或回忆	1. 情绪类型 2. 评定情绪强度（0～100 分）	1. 情绪背后的想法 2. 评定对每个想法的相信程度（0～100 分）

想法评估	新想法	效果
1. 有用吗？ 2. 真的吗？ 3. 又怎样？	1. 更符合现实的新想法 2. 重新评定对原想法的相信程度（0～100分）	1. 重新评定情绪强度（0～100分） 2. 可以进一步采取的行动

自动思维记录表可以在什么情况下使用呢？当你发现自己出现负性情绪，或者情绪产生波动时。例如，发现自己生气了，发现自己紧张了，发现自己沮丧了，甚至还可以做一些扩展，例如当你发现自己在拖延或回避某些事情时，也可以使用这个表格。使用数量没有上限，你只要有想法就可以进行记录。

从现在开始，这个自动思维记录练习就成为本手册每日"内功"修炼的固定步骤了。

第 6 天

保持生活规律

16. 核心练习：清理负性思维（第 2 次）

时间	事件	情绪	自动思维
	引起负性情绪的事件、情境或回忆	1. 情绪类型 2. 评定情绪强度（0～100分）	1. 情绪背后的想法 2. 评定对每个想法的相信程度（0～100分）

想法评估	新想法	效果
1. 有用吗？ 2. 真的吗？ 3. 又怎样？	1. 更符合现实的新想法 2. 重新评定对原想法的相信程度（0～100分）	1. 重新评定情绪强度（0～100分） 2. 可以进一步采取的行动

17. 识别"心理病毒"：抹杀积极体验

有时，人们接受别人的表扬时会表现出不安；对于积极体验，他们会坚持说它们不算数。**否定积极体验，转而保持消极信念，尽管这种信念和大多数人的日常生活经验相矛盾——这样的特点在抑郁情绪中十分常见。**比如，一名来访者觉得自己非常笨，心理咨询师指出："你考上了研究生，今年考研的录取率是很低的，难道这样还让你觉得自己很笨吗？"来访者却说："这根本就不算什么。"这就是一种抹杀积极体验的表达。再举一个例子，一个人的数学不好，语文和英语都还不错，但他坚定地认为自己很笨，不如别人，当人们指出他的语文和英语都有很好的成绩时，他说："不对，数学不好就是不如别人！"尽管知道自己的语文和英语是不错的，但他不能把它们变成情感上的自豪，以对抗他的消极体验。

这种想法让我们很难用积极的哪怕是中性的角度去看问题，无论多小的消极证据都会被我们看到，而无论多么有力的积极证据都会被认为毫无意义，仿佛我们就是不允许自己有积极的感受。

你有过类似的想法吗？可以试着把它们写出来吗？

18. 检查生活的规律性

关于情绪调节技能，我常把调整想法比喻成"练内功"，把改变行为比喻成"练外功"。内功虽然持久有效，但不容易立竿见影，练习过程也相对复杂。此外，即使你学会了调整想法，却不把积极想法转变成行为，消极的想法也可能卷土重来，重新占据上风。其实，认知、行为与情感三者之间是相互影响、相互转化的，内功和外功结合起来练习会更有效。从今天开始，我们会在调整想法的基础上，加入一些改变行为的练习。

每天保持规律的健康行为是调节情绪的基本要素，例如：

（1）积极治疗身体疾病。

（2）成年人每晚保证7～8小时的安稳睡眠，尽量避免熬夜，促进精力恢复。

（3）每天进食3次，保持营养均衡。拒绝毒品，不要过度摄入酒精或咖啡因。

（4）如果服用药物，请遵从医嘱，按规定服。即使你感觉好些了，也要继续与医生讨论用药的种类和剂量。

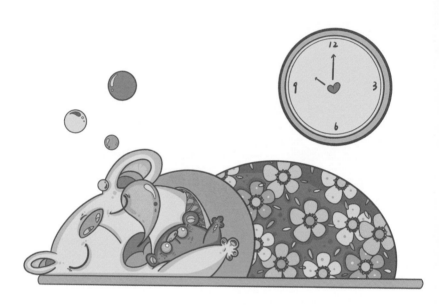

（5）坚持适度的体育锻炼。

（6）避免自我隔离，定期维护人际联系。

（7）制订日常生活计划，安排好自己的时间。

需要注意的是，尽管保持规律性的日常作息十分重要，但是对于受到抑郁或焦虑情绪困扰、常常失眠的人来说，不必过于强调必须每晚睡够几个小时的标准。因为每个人对睡眠的需求不同，所以不必为了达到所谓的标准睡眠时间而加重焦虑。

对照自己的生活，你做到了以上哪些方面？哪些方面还需要进一步改善？

保持生活的规律，从小事做起

不管情绪如何起落，你都要尽可能保持稳定的生活规律。从最日常的饮食起居开始，尽量不要因为情绪的起落而打破生活习惯，包括生活里最基本的那些小事。比如，你可能会想，"今天太累了，我不洗脸了"，或者"今天我实在没有兴趣，虽然衣服有点脏，但是再穿一天也不会有人太介意"……请你尽量保持一种健康的生活规律，特别是不会受到负性情绪干扰的规律。发现自己有一点怠惰焦躁时，你更需要提醒自己保持一贯的生活规律，包括洗脸、刷牙；包括按照生活需要去换干净的衣服，按照自己的节律去吃饭；也包括生活中一些规律性的事务，比如每周和朋友打两次球，每两周去看一场电影，等等。人际的、休闲娱乐方面的生活规律虽然不像作息规律那么明显，但也需要有意识地保持。**特别是在出现负性情绪时，千万不要放弃这些活动。**我们最推荐的是运动方面的规律，因为运动能够有效地预防和缓解各种负性情绪；其次是保持人际关系方面的规律，即参加社会活动、社交活动等。

需要警惕的是，当你发现自己的生活规律开始一步一步偏离常轨时，如果自己没有办法逆转，那就可能需要寻求专业的心理帮助了。

第 7 天

细分记录表

19. 核心练习：清理负性思维（第 3 次）

时间	事件	情绪	自动思维
	引起负性情绪的事件、情境或回忆	1. 情绪类型 2. 评定情绪强度（0～100 分）	1. 情绪背后的想法 2. 评定对每个想法的相信程度（0～100 分）

想法评估	新想法	效果
1. 有用吗？ 2. 真的吗？ 3. 又怎样？	1. 更符合现实的新想法 2. 重新评定对原想法的相信程度（0~100分）	1. 重新评定情绪强度（0~100分） 2. 可以进一步采取的行动

20. 识别"心理病毒"：过分泛化

过分泛化是指，把一件负性的小事作为后续所有失败遭遇的证据，把单一一件事情的意义推演得太过广泛。比如，我只是在一次手工体验课上发现自己做得最差，就由此认为自己真的很笨，认为我的学习能力比别人都差，即使证据似乎并不那么充分。再比如，一个人在婚姻中失败了，她就说男人没一个好东西，这也是过分泛化。又比如说，一个人在街上被人骗了钱，他就说这个社会人心难测，所有地方都是不安全的，陌生人都是不可信赖的。**把小的负性事件推广到太广泛的领域，就是过分泛化。**

其实，我们每个人在生活中都可能有过分泛化的时候，例如因为不喜欢书中的一句话，而否定整本书；因为一件不愉快的事，而彻底否定一个人；或者因为一个讨厌的人，而排斥一群与之有相似背景的人。这种"你们全都一样"的想法，有时会让我们的交往范围变得狭窄，有时会让我们错过改善自己生命质量的机会。

你有过类似的想法吗？可以试着把它们写出来吗？

21. 认识并填写细分记录表

当你正在努力克服负性情绪问题时，工作、学习及生活中的任务可能会变得特别具有挑战性，因为抑郁、焦虑等情绪问题会干扰你完成这些任务的能力。为了迎接这个挑战，我们可以把自己一天的生活计划做得很细，**也就是说，记录生活里各种事情的完成情况时，用很细的尺度来标记。例如，早上起床后需要完成哪些事情？**闹钟响了，你按掉闹钟，坐起来，从床上下来，找到合适的衣服，把它穿上，然后去刷牙、洗脸，等等。

采用细分记录法的原因在于**我们太容易忽视自己在生活中克服的那些小困难，而不把它们视为成就。**通过细分记录，你会发现自己在一天中完成了很多事情，而如果不记录，你会觉得自己这一天里根本就没做什么事。**对抗负性情绪的行为方法，重点就是要做事情，要通过做事情来感受到自己的价值，所以即使是很小的事情，也不要忽视，要把它记录下来。完成事情是一种成就。**

细分记录表

时间	详细计划

抑郁与细分记录表

一个人陷入了抑郁，就可能放弃很多行动，因为他对很多事情不再感兴趣，而且感觉自己身体的活力很低，甚至疲惫不堪。例如，同学约他去爬山，他觉得爬山太累了，懒得动，或者好朋友约他一起出去吃晚餐，他会觉得聚餐没有意思，懒得去。当他一次又一次放弃生活中积极行动的机会时，生活会变得越来越单调，越来越闲。当一个人空闲过多时，更容易滋生负性情绪，产生各种忧愁和担忧。

对抗抑郁不仅需要改变负性的思维，还需要改变行为。行为上做出改变又会反过来改变认知，这就等于放大了改变的效果。抑郁的人做事情有一个特点，就是看不到自己的成就，常常觉得一天里什么都没有干，又虚度了光阴，从而向自己证明"我真的没有什么价值"。细分记录表可以很好地帮你克服这种思维。使用细分记录表时，如果你没有做自己原来想做的事情，而是做了其他的事，也要把它记录下来，然后进行评估：你做的这件事虽然与你的愿望不同，但它是不是也有价值？

不要太苛刻地要求自己，要体谅自己是一个凡人，会有情绪的起伏。你在生活中可能担当着员工、家长、儿女、配偶、朋友等各种各样的角色，不要因为自己受到其他角色的干扰，或者没有扮演好某个特定角色，就去苛责自己。生活本来就是无法达到完全平衡的，本来就是存在许多冲突的。

第 8 天

停止术

22. 核心练习：清理负性思维（第 4 次）

时间	事件	情绪	自动思维
	引起负性情绪的事件、情境或回忆	1. 情绪类型 2. 评定情绪强度 （0~100 分）	1. 情绪背后的想法 2. 评定对每个想法的相信程度 （0~100 分）

想法评估	新想法	效果
1. 有用吗？ 2. 真的吗？ 3. 又怎样？	1. 更符合现实的新想法 2. 重新评定对原想法的相信程度（0~100分）	1. 重新评定情绪强度（0~100分） 2. 可以进一步采取的行动

23. 识别"心理病毒"：心理过滤

　　心理过滤，即挑出一个消极的小细节，对它进行过度的思考，使你对整个现实的看法都变得消沉，如同一滴墨，让整杯水都变了颜色。比如，我们可能怀疑自己存在抑郁、焦虑问题，于是就在网上搜索资料以验证自己的假设；看到那些抑郁症的症状描述时，我们会感到自己十分符合，就进一步搜索"抑郁会好吗""会不会自杀"等问题，顺着结果看，就可能看到一些抑郁自杀的新闻，越看越害怕，越看越担心，以至于最后可能会觉得自己得了抑郁症，必死无疑了。**其实，这个时候我们已经进入了一个误区，意识不到看到的信息是经过自己筛选的，是经过心理过滤之后最符合自己假设的。**然而，客观事实是，抑郁症和焦虑症需要专业人员的诊断才能确定，即使患了抑郁症或焦虑症，经过治疗，大部分人的症状都会有所缓解，走向康复。这些康复的例子很少被传播，部分原因在于它们不如报道自杀的新闻让人震撼。所以，有时我们以为看到的是事情的全貌，也许只是一些片面的信息。

心理过滤会让我们只看我们想看的，甚至忽视很多正面的信息，以为"我不知道的，就是不存在的"，然后陷入反复思考，得出越来越消极的结论。此时，我们需要对更多人、更多信息保持开放的心态，更全面地觉察和体验生活，才能跳出负性思维的旋涡。

你有过类似的想法吗？可以试着把它们写出来吗？

24. 掌握停止术

有时，一个人的想法，特别是消极的想法，会反复在脑海中出现，让我们的负性情绪持久存在。这叫**反刍思维**，是与抑郁关联比较紧密的思维模式。例如，有一名来访者说：

"我常常为以前做错事而自责，为自己有可能伤害了别人而内疚，为自己给别人带去的不快而后悔。当然，这些都不是我有意为之，而是无意间或是没有预料到后果而造成的。可我还是经常会想起，会内疚、难受。别人伤害了我，我可以很快释然，但如果我给别人带去了伤害，我就会难受很久很久，那时内疚会像沼泽一样把我吞没。"

有时，我们也会在心里一次又一次地念叨"我真傻，我真笨，我做错了事"，这种对自己的苛刻和不宽容，是导致很多人抑郁的一个因素。要应对这种情况，除了进行想法评估外，你还可以尝试一下停止术。

停止术，就是当你发现自责、内疚等负性情绪来临时，不再放任自己沉溺于相关想法中，而是提醒自己，**不**

断的自责和内疚是自我伤害的表现，是抑郁的不良反应，所以你不能任由它们伤害自己。在脑海里告诉自己："这些声音就像一只乌鸦在说坏话，它又在冲我呱呱叫，说我做错事了，伤害了别人。我要把这只乌鸦赶走。"

第 9 天

情绪有变化吗

25. 核心练习：清理负性思维（第 5 次）

时间	事件	情绪	自动思维
	引起负性情绪的事件、情境或回忆	1. 情绪类型 2. 评定情绪强度（0～100 分）	1. 情绪背后的想法 2. 评定对每个想法的相信程度（0～100 分）

想法评估	新想法	效果
1. 有用吗？ 2. 真的吗？ 3. 又怎样？	1. 更符合现实的新想法 2. 重新评定对原想法的相信程度（0~100 分）	1. 重新评定情绪强度（0~100 分） 2. 可以进一步采取的行动

26. 抑郁情绪的简要评估（第 2 次）

抑郁自评量表

下面 9 个句子描述的是人们在生活中常有的一些感受。请根据你在最近一周中的情况，在相应的选项下打 "√"。

	无或少于 1 天	1~2 天	3~4 天	5~7 天
1. 我感到悲伤难过	0	1	2	3
2. 我觉得沮丧，就算有家人和朋友的帮助也不管用	0	1	2	3
3. 我不能集中精力做事	0	1	2	3
4. 我生活愉快	3	2	1	0
5. 我觉得孤独	0	1	2	3
6. 我提不起劲儿来做事	0	1	2	3
7. 我感到消沉	0	1	2	3
8. 我感到快乐	3	2	1	0
9. 我觉得做每件事都费力	0	1	2	3
1 ~ 9 题的总分				

注：第 4 题和第 8 题为反向计分。

计分方法：把每一题对应选项的分数直接相加，得出总分。

总分各分数段对应的解释：

0~9 分表示你当前没有抑郁问题，情绪基本健康；

10~16 分表示你当前有一定可能性存在抑郁问题；

17~27 分表示你当前存在明显的抑郁问题。

27. 焦虑情绪的简要评估（第 2 次）

广泛性焦虑量表

在最近两周里，你是否出现过下列感受？在相应的选项下打"√"。

	完全没有	有几天	超过半数时间	几乎每天
1. 我感到紧张、焦虑、不安	0	1	2	3
2. 我无法停止或控制自己的担心	0	1	2	3
3. 我过于担心各种事情	0	1	2	3
4. 我难以放松	0	1	2	3
5. 我坐立不安	0	1	2	3
6. 我容易生气上火	0	1	2	3
7. 我感到害怕，好像会发生糟糕的事	0	1	2	3
1～7 题的总分				

计分方法：把每一题对应选项的分数直接相加，得出总分。

总分各分数段对应的解释：

0～4 分表示无焦虑；

5～9 分表示轻微焦虑；

10～14 表示中度焦虑；

15～21 分表示高度焦虑。

你可以将今天的评估与在本书"第 2 天"中记录的情绪状态进行比较，看看自己的情绪状态是否有所变化。情绪是由环境、生理和心理等多种因素影响的，对自己保持觉察就好。**我们进行练习的目标，在于提高自己的情绪调节能力，以期持久地应对生活压力。**

分心术

28. 核心练习：清理负性思维（第 6 次）

时间	事件	情绪	自动思维
	引起负性情绪的事件、情境或回忆	1. 情绪类型 2. 评定情绪强度（0~100分）	1. 情绪背后的想法 2. 评定对每个想法的相信程度（0~100分）

想法评估	新想法	效果
1. 有用吗？ 2. 真的吗？ 3. 又怎样？	1. 更符合现实的新想法 2. 重新评定对原想法的相信程度（0～100分）	1. 重新评定情绪强度（0～100分） 2. 可以进一步采取的行动

29. 识别"心理病毒"：草率结论

　　草率结论指的是，即使没有明确的事实能有力地支持你的结论，你也会做出消极的解释。这样的想法有两种：一种叫**读心术**，一种叫**预言术**。

　　我们能读懂他人的心吗？目前心理学中并没有这样的方法。无论是用脑电波还是大脑扫描（如功能磁共振成像）技术，专业人员都无法告诉我们他人在想什么。然而，**使用读心术的人却认为仅仅根据对方的一个表情、一个动作就可以判断出对方不喜欢自己、瞧不上自己，**会武断地下结论说他人对自己做出了消极反应，却根本就不去核实一下。比如，一个人在路上看到熟人，想打招呼，但这个熟人却像没看到他一样匆匆而过。"读心术"病毒正在"攻击大脑"的人会怎么理解这个举动呢？他会想："他看起来真的很讨厌我，所以没有跟我打招呼，我需要反思一下，自己到底做错了什么事情让他讨厌我。"但这不一定是事实，也有可能这个熟人当时很忙，正沉浸在自己的思想里，所以并没有注意到你。

　　人总是渴望对他人的内心有一定的了解，不过，"读心术"的方式是不客观的。我们可能并不知道那个匆匆而过的朋友内心在想什么，在关注什么。有时候，只要了解到对方关注的所在，我们就会豁然开朗。

预言术，就是预言结果会很糟糕，而且把预测当成既定的事实。上学期间，我们多多少少都有过在考试前预言自己会考砸的想法，而且可能持续了好多年，即使成绩并没有明显下滑。预言术常常导致"主观上认为确实如此，但客观事实并非这样"。预言术常出现在重要事情之前，比如一个人面临重要的考试时，他可能会想："糟了，糟了，我一定会失败！"

你有过类似的想法吗？可以试着把它们写出来吗！

30. 认识分心术

　　分心术是通过分散或转移注意力而进行情绪调整的一种能力。情绪受情境的影响较大，当人们处于负性情绪之中不可自拔时，很可能是因为陷入了一种消极的情境中，或是把注意力集中到了引发焦虑的事件上。因此，可以通过适当转移注意力的方法来调节自己的情绪。一些心理健康领域的研究发现，分心术可以有效改善抑郁情绪，把注意力转移到过去令人高兴的事情上时，效果更好。[4] 研究还发现，分心术对于改善过分焦虑的情绪也有明显的作用。[5]

　　具体来讲，分心术就是在情绪不好的时候，借由某种外在的活动来让自己分心。例如，我们可以玩一些推理游戏（比如数独），排除掉脑子里的消极想法；还可以把注意力暂时转到让自己相对放松的事情上，比如看部电影、听一会儿音乐、跑步，这些轻松的活动会挤走很多消极想法。我们需要平时多练习分心术，练习得越多，越能够体验到哪些活动对自己最有效果，以便在负性情绪出现时主动运用它们。

使用分心术的注意事项

要强调的是，应当将分心术仅作为一种临时性的方法来使用。对某件事情过分焦虑的时候，把注意力转到让自己相对放松的事情上可以有效缓解焦虑情绪。但是，经常回避焦虑，并不利于真正克服焦虑。那些常规性的活动和不需要主动集中精神的活动，可能是无效的。还有一些消极想法、闯入性的记忆，最终还是要使用其他方法进行处理。

留心一个"禁忌症"：如果你有强迫症，就不要使用分心术，因为它很可能会变成你的一个新的仪式动作。

第 11 天

焦虑时间管理法

31 核心练习：清理负性思维（第 7 次）

时间	事件	情绪	自动思维
	引起负性情绪的事件、情境或回忆	1. 情绪类型 2. 评定情绪强度（0~100 分）	1. 情绪背后的想法 2. 评定对每个想法的相信程度（0~100 分）

想法评估	新想法	效果
1. 有用吗?	1. 更符合现实的新想法	1. 重新评定情绪强度（0~100 分）
2. 真的吗?	2. 重新评定对原想法的相信程度（0~100 分）	2. 可以进一步采取的行动
3. 又怎样?		

32. 识别"心理病毒"：夸大或缩小

夸大或缩小，指夸大事物的重要性（如自己的错误或他人的成就），或者不恰当地把事物缩得很小（如你自身值得欣赏的品质或他人的缺点），而且两者往往同时存在。例如，出现抑郁情绪的人在夸大自己不幸的同时，也在缩小别人的缺点，会觉得"别人都过得比我好，比我聪明，比我能干"。他常常不由自主地想："为什么老天对我这样不公?""为什么我这么倒霉!"这个时候，他已经看不到自己的优点了。

出现抑郁情绪的人也很容易夸大别人的成就并缩小自己的成就，从而拉大自己与别人的距离。比如，他看到别人编了一本书，完成一场考试，会认为别人非常了不起，然而轮到自己出色地完成了一项任务时，却常常认为这是微不足道的。

你有过类似的想法吗？可以试着把它们写出来吗？

....

....

....

33. 掌握焦虑时间管理法

如果你发现自己在生活中总是感到担心或焦虑，睡觉时一躺到床上就想到很多烦心事，从而影响自己的睡眠，那么你可以使用焦虑时间管理法。**焦虑时间管理法就像扫帚一样，把散落在各个时间段的焦虑"灰尘"全都扫到一个时间段去处理。**你可以把一天中想到的各种让自己担心或焦虑的事项全都列出来，看看能列出多少条。

无论焦虑单子有多长，写在纸上的想法都会比呈现在脑海中的更客观、更有限。脑海中的担心似乎是无穷无尽的，但是当你把它们写在纸上时，担心的想法就算有 50 条，甚至 100 条，也是可以列完的，是有限的。

当你在其他时间里有所担心，或者因为回想起某件事情而烦心时，可以用几个简单的词语把想法记下来，然后对自己说："这件事情，我现在不做深入考虑，到了给定的焦虑时间，我再去仔细考虑。"

焦虑清单

序号	让我焦虑（担心）的内容
1	
2	
3	
4	
5	
6	
7	
8	
9	
10	
11	
12	
13	

第 12 天

愤怒表达 ABC

34. 核心练习：清理负性思维（第 8 次）

时间	事件	情绪	自动思维
	引起负性情绪的事件、情境或回忆	1. 情绪类型 2. 评定情绪强度（0～100 分）	1. 情绪背后的想法 2. 评定对每个想法的相信程度（0～100 分）

想法评估	新想法	效果
1. 有用吗？ 2. 真的吗？ 3. 又怎样？	1. 更符合现实的新想法 2. 重新评定对原想法的相信程度（0～100 分）	1. 重新评定情绪强度（0～100 分） 2. 可以进一步采取的行动

35. 识别"心理病毒"：情绪推理

依据情绪来推理，是指假设自己的消极感受必定反映了事情的真相。比如说，"如果我感到内疚，那一定是我做错了什么"，或者"如果我感到紧张，那一定是我表现得不太好"。显然我们不该这样，我们的想法应该基于现实，而不是基于情绪。

然而，基于情绪进行推理的情况在生活中并不少见，特别是在社交焦虑的患者身上。他在大家面前讲话时，会感觉特别紧张，认为自己肯定讲得不太好，但是如果他听听当时的录音，或者倾听别人的反馈，可能就会发现，自己的讲话并没有像感觉中的那么糟糕。

情绪推理的常见想法为："我感受如此，所以事实也一定是这样的，一定是的。"当我们感到害怕与紧张时，如果仅以感觉为基础来推理事实，预测的结果就一定是不好的，而这会加剧我们的恐惧与担心，让我们更倾向于逃避，结果往往也会让事情变得更严重。

你有过类似的想法吗？可以试着把它们写出来吗？

冷认知和热认知

按照情绪状态的不同，思维方式可以分为冷认知和热认知两种。所谓冷认知就是情绪平静时的思维方式，热认知则是生气、高兴、悲伤等情绪特别强烈时的思维方式。**一个人在比较平静的情况下，思维往往更符合逻辑，更容易尊重证据；而一个人在情绪相对激烈的情况下，更容易出现认知上的偏差，致使"心理病毒""攻击大脑"。**比如说，一个人在盛怒之下会失去理智，对事情的判断会出现严重的偏差。积极情绪也是同理，比如人在得意忘形时容易做出判断上的失误，从而弄巧成拙。

36. 掌握愤怒表达 ABC

怎样才能清晰而有效地表达自己的不满和诉求呢？"愤怒表达 ABC"就是一个很好的方法，它是一套句型，其中 **ABC 分别代表愤怒表达的 3 个成分：第一个成分（A）指事实，第二个成分（B）指情绪，第三个成分（C）指对未来的希望。**

例如：

事实 A——"我们约好九点钟见面，你迟到了半个小时。"

情绪 B——"我又着急又恼火。"

希望 C——"如果你不能准时到，请提前告诉我，别让我白等。"

假如你的一个朋友向你借了钱却长时间不还，不欠别人的，偏偏欠你的，而且你发现他最近换了一部高档手机。请用"愤怒表达 ABC"的句式进行表达：

有时我们会说："我一生气就说不清楚话了。"人在情绪比较激烈时，思维能力是受抑制的，所以我们需要在状态平静时多练习这个方法，练得熟练，养成习惯，再生气时就能把这三句话说清楚了。

"愤怒表达 ABC"的技术要点

愤怒表达 ABC 的每一个分句都有要点。

事实 A 要突出事实的重点，要简洁，不要啰唆。如果给出一个更具体的限制，就是不要超过 20 个字，用简单的一句话把事情说明白，比如"我们约好时间在那里见面，你迟到了""你本来答应我完成工作，可你完全忘了""本来我们有一个约定，可你背叛了它"，等等。在愤怒表达 ABC 中，不要去批判对方，不要用标签去评论对方的人品或性格，要只讲事实，比如"我们约好十二点在这里见面，你迟到了半小时"。简洁的话语更能传达力量。

情绪 B 要体现愤怒的强烈程度，要用不同的词来描述。这个部分的句式很简单，就是"我有多生气"。简单的一句话，作用却很大。表达这句话的意义在于，让你能尊重自己的感受。愤怒不是一种不够体面的感受，只有那种"全世界都欠我的，大家都应该来安慰我"的愤怒才是。自然且正常的愤怒情绪应该可以用"我感到生气"坦诚地表达出来。但是，注意不要把句子表达成"你让我很生气"，不要用"你"而要用"我"。因为如果你的表达有比较强的攻击、挑剔、批评对方的意味，对方就会采取心理防御，或者反过来攻击你。这不是我们希望的结果，我们希望解决问题。

希望 C 是最重要的，因为愤怒的目的在于让生活变成它该有的样子。你希望生活变成什么样子？你需要对方做出怎样的行为？这是在 C 句里需要明确表达的，最好明确而具体地提出你的建议。说这句话时容易犯的错误是含糊其词，比如"希望你以后改进"，怎么样才叫改进呢？今天迟到半小时，下次"改进"为迟到 25 分钟，你会不会满意？不要模糊地表达你的期待，而要表达一个可以准确判定对方是做到还是没做到的期待。比如"下次我们约时间见面，希望你不要迟到"就比"希望你以后改进"这种模糊的表达更好一些。

注意不要多加话，因为这样做不仅会分散重点，而且人在愤怒之下说太多话容易扭曲原意、夸大事实。要尽量严格地按照愤怒表达 ABC 中提到的要点来讲，把这几句话说得简单而明确。

第 13 天

简单而坚定地拒绝

37. 核心练习：清理负性思维（第 9 次）

时间	事件	情绪	自动思维
	引起负性情绪的事件、情境或回忆	1. 情绪类型 2. 评定情绪强度（0～100 分）	1. 情绪背后的想法 2. 评定对每个想法的相信程度（0～100 分）

想法评估	新想法	效果
1. 有用吗？ 2. 真的吗？ 3. 又怎样？	1. 更符合现实的新想法 2. 重新评定对原想法的相信程度（0～100分）	1. 重新评定情绪强度（0～100分） 2. 可以进一步采取的行动

38. 识别"心理病毒":"必须"与"应该"

当一个人说话用到很多"必须"或者"应该"时,他就是在对自己或别人提出非常苛刻的要求,这些要求可能涉及某种行动、思考或感受上的严格规则,甚至上升为道德上的义务,让他无法根据现实进行灵活调整。例如:

"我必须表现得很好,并且获得别人的认可。"

"别人必须公平地对待我!"

"生活应该按照我的意愿发展。"

合理的想法会将强制性的要求转化为一种希望或期待,并允许令人失望的行为发生。

反观"必须"和"应该",它们虽然包含了积极的愿望,但是,你永远无法达到完美的标准,所以你最终会感到内疚、沮丧或愤怒。

处理这种"心理病毒"的方法是:**认识到希望是必要的,但不可强求,因为你无法完全达到完美的标准。试着把"我应该……"替换为"我希望……"。**

当你发现自己在使用"应该"句式思考时,尝试做做这个练习。

39.学会简单而坚定地拒绝

对自己的愤怒过度压抑的人，也会对自己的其他意愿有所压抑，这样他就无法维护自己的基本权利。如果有人让你帮忙做一件事情，你很不想做，却拒绝不了，于是你强迫自己做了这件事情，导致心情很差。如果存在这种情况，你就需要学习"简单而坚定地拒绝"这一技术。

例如，有个同事问你："你周末能不能帮我加个班？本来轮到我了，但是我周末有个聚会要去参加，你看你能不能帮帮我？"

此时，你不想去，或者已经有了自己的安排，你会对她说：

之后，你的同事还是不甘心，对你说："我实在是很难办啊，我找不到别人替我啦，你最好啦。"

此时，你又该如何拒绝对方呢？

如果你想去实现生活中的某些愿望，但是身边有些人喜欢过多干涉你的生活，这时候你并不需要费尽心思向他们解释。例如你想去学习一下瑜伽，有人问你：

　　"干吗要去学瑜伽？"

　　此时，你会如何回答他呢？

破唱针技术

也许你会说，你找不到拒绝别人的好理由。其实拒绝别人，重点不在于好的理由，而在于你的立场。你在拒绝别人时，是否会感到恐惧？是否感到拒绝别人会发生不好的事情，进而引发担忧？用认知评估技术判断一下，这种恐惧是真的吗？支持和反驳的证据分别有哪些？你可以试着去拒绝，也许会发现自己并不需要找很多的理由。比如同事问你：

"你周末能不能帮我加个班，本来轮到我了，但是我周末有个聚会要去参加，你看你能不能帮帮我？"

你不想去，或者已经有了自己的安排，想在家休息一下，或者逛逛街。在这种情况下，你的拒绝并不需要借助一个虚构的理由。你只需要告诉同事：

"抱歉我不行。"

对方可能会一再地劝说你，在这种情况下，你并不需要找出一层又一层更合理的理由，不需要更多地改变策略，你只需要简单而温和地拒绝，坚守自己的坚定。对方可能会说：

"我实在是很难办啊，我找不到别人替我啦，你最好啦。"

有一种方法叫作**破唱针技术**，就如同那种唱针坏了的

老式唱片机，有时会反反复复地播放同一段声音。利用这个破唱针技术，你可以很好地坚持自己的立场。你可以简单地重复：

"抱歉我不行，真帮不了你，帮不了你，我帮不了你，实在是帮不了你，我真帮不了你，很抱歉我帮不了你。"

如果你想去实现生活中的某些愿望，但是身边有些人喜欢过多干涉你的生活，这时候你并不需要费尽心思向他们解释。例如你想去学习一下瑜伽，有人问你：

"干吗要去学瑜伽？"

此时，你并不需要给出你觉得学瑜伽会有利于身体健康、会使你的心情变好等理由。但你也不必有失礼貌地对对方不理不睬。作为对过多干涉你生活的人的回应，你可以简单地说：

"因为我想去。"

这句话是简单而有力的。**在大多数情况下，你都应该尊重自己，特别是当你的愿望纯属你的个人自由，又不会伤害别人时。**你不需要给出别的理由，你的理由就是"因为我想听""因为我喜欢这样"。如果你有时不能坚持自己的利益，不能坚持自己合理的主张，觉得做什么都需要给出一个让别人满意的理由时，你可以学习一下这种对话风格。

第 14 天

列出你喜欢的事物

40. 核心练习：清理负性思维（第 10 次）

时间	事件	情绪	自动思维
	引起负性情绪的事件、情境或回忆	1. 情绪类型 2. 评定情绪强度（0～100 分）	1. 情绪背后的想法 2. 评定对每个想法的相信程度（0～100 分）

想法评估	新想法	效果
1. 有用吗？ 2. 真的吗？ 3. 又怎样？	1. 更符合现实的新想法 2. 重新评定对原想法的相信程度（0～100 分）	1. 重新评定情绪强度（0～100 分） 2. 可以进一步采取的行动

41. 识别"心理病毒"：贴标签

有时，我们不是简单地承认自己犯了一个特定的错误，而是为自己这个人贴上了标签，比如说"我是个失败者"，而不是说"我在这件事情上失败了"。标签不仅仅贴给自己，也贴给别人，而且有好有坏。比如，有人和你有不同观点，你就简单地说"他什么都不懂"，这就是在贴负面的标签。

即使给别人贴一个正面标签，也是弊大于利。也许在短时间内，由于你贴的是正面标签，你是在表扬别人，这拉近了你们之间的距离，但是这个标签并不利于关系的深入，不利于对方真实而丰富地表达自己。例如，被贴上"你真勇敢"这个正面标签的人，行为和感受也会被标签束缚，他会从此觉得，因为他在你面前是一个勇敢的人，所以他不可以为了一些小事就脆弱流眼泪。

生活中，也许你会发现小孩子有经不起夸的特点。在我们夸他"你真是一个乖孩子"后不到两分钟，他就捅了一个娄子。这种现象呈现了一种心理规律，就是**贴标签带来的焦虑**。孩子知道自己不像你夸得那么好，他

并没有那么乖，如果他要背负着你贴上的标签生活下去，势必相当辛苦，所以不如早一点撕掉它。因此，他会在无意中做出一些损害标签的行为，从而打破你的幻想，让你能够真正看到他，接纳真实的他。

你在生活中遇到过类似的情况吗？可以试着把它们写出来吗？

42. 尝试列出你喜欢的事物

写下所有你能想起的让你感到快乐的事物，或者你能联想到的与快乐和爱有关的事物。它可以是你家人的名字、你的宠物、你最喜欢的运动、你最喜欢的作家、你最喜欢的电影、让你想起童年的食物、一个像家一样的地方，也可以是星星、月亮或太阳。只要是你喜欢的，就把它写下来。例如：

类 别	我喜欢
社会的	
哪些人	
什么样的朋友	
别人对我的称呼	
敬佩的人	
关心的话题	

（续）

类　别	我喜欢
工作的	
与什么人一起工作	
工作环境	
工作时间	
理想的工作	
个人的	
气味	
颜色	
食物	
饮料	
餐馆	
植物	
动物	

类　别	我喜欢
季节	
天气	
风景	
建筑	
运动	
艺术品和艺术家	
书籍和作家	
音乐和音乐人	
影视作品和演员	
微信公众号	
衣饰鞋子	
服装品牌	
居住地	

类　别	我喜欢
住宅	
装修风格	
交通工具	
其他	

第 15 天

给自己一个惊喜

43. 核心练习：清理负性思维（第 11 次）

时间	事件	情绪	自动思维
	引起负性情绪的事件、情境或回忆	1. 情绪类型 2. 评定情绪强度（0~100分）	1. 情绪背后的想法 2. 评定对每个想法的相信程度（0~100分）

想法评估	新想法	效果
1. 有用吗？ 2. 真的吗？ 3. 又怎样？	1. 更符合现实的新想法 2. 重新评定对原想法的相信程度（0~100分）	1. 重新评定情绪强度（0~100分） 2. 可以进一步采取的行动

44.识别"心理病毒"：过分承担或推卸责任

有时，我们会把某些外在的消极事件归咎于自己，而实际上这类事件不应该由我们负主要责任。比如说，灾害导致了一个人的亲人受伤和去世，这个人却没有理由地自责后悔，尽管他没有多少改变现实的能力，但还是觉得对不起自己的亲人。这种总是因为与自己无关或关系不大的事情而自责的行为，在逻辑上显然是说不通的。

与之相反的情况，就是把责任完全推给别人，而忽视了自己的部分。例如，"我之所以会犯错，都是因为别人没有给出正确的建议""我考试没有考好，都是因为室友总是拉着我玩游戏"，等等。

这种"心理病毒"背后的主要信念是，**世界上的消极事件没有意外，必须有一个人来完全承担责任，要么全归罪于自己，要么全归罪于别人。**

你在生活中遇到过类似的情况吗？可以试着把它们写出来吗？

....

....

45. 尝试给自己一个惊喜

　　仅仅消除生活中的消极想法是不够的，你还需要积累积极愉快的经历。这是一种帮助自己的很好的方法。**这个练习的要求是，在接下来的几天里选择一件事情来做。选择这件事情的标准有两个：第一个标准是，在过去的半年里，你还没有做过这件事；第二个标准是，做这件事让你感到愉快、喜悦或清醒。** 你可以根据自己的情况选择比较大的事情，比如出去旅游；也可以选择比较小的事情，比如晚上去某个地方散步，或者对家人说一些过去没有勇气说出来的话。总之，事情的大小要根据你自己的喜好而定。

　　我希望你能够尝试各种各样你会渴望去做，却因为有点担忧而没有迈出第一步的事情。也许，你只是缺少一个理由。现在你有了一个非常充足的理由：为了实现自己的改变。你可以开始行动了。

第 16 天

这段时间情绪怎么样

16. 核心练习：清理负性思维（第 12 次）

时间	事件	情绪	自动思维
	引起负性情绪的事件、情境或回忆	1. 情绪类型 2. 评定情绪强度（0～100分）	1. 情绪背后的想法 2. 评定对每个想法的相信程度（0～100分）

想法评估	新想法	效果
1. 有用吗？ 2. 真的吗？ 3. 又怎样？	1. 更符合现实的新想法 2. 重新评定对原想法的相信程度（0~100 分）	1. 重新评定情绪强度（0~100 分） 2. 可以进一步采取的行动

47. 抑郁情绪的简要评估（第 3 次）

抑郁自评量表

下面 9 个句子描述的是人们在生活中常有的一些感受。请根据你在最近一周中的情况，在相应的选项下打"√"。

	无或少于 1 天	1～2 天	3～4 天	5～7 天
1. 我感到悲伤难过	0	1	2	3
2. 我觉得沮丧，就算有家人和朋友的帮助也不管用	0	1	2	3
3. 我不能集中精力做事	0	1	2	3
4. 我生活愉快	3	2	1	0
5. 我觉得孤独	0	1	2	3
6. 我提不起劲儿来做事	0	1	2	3
7. 我感到消沉	0	1	2	3
8. 我感到快乐	3	2	1	0
9. 我觉得做每件事都费力	0	1	2	3
1～9 题的总分				

注：第 4 题和第 8 题为反向计分。

计分方法：把每一题对应选项的分数直接相加，得出总分。

总分各分数段对应的解释：

0～9 分表示你当前没有抑郁问题，情绪基本健康；

10～16 分表示你当前有一定可能性存在抑郁问题；

17～27 分表示你当前存在明显的抑郁问题。

48.焦虑情绪的简要评估（第3次）

广泛性焦虑量表

在最近两周里，你是否出现过下列感受？在相应的选项下打"√"。

	完全没有	有几天	超过半数时间	几乎每天
1.我感到紧张、焦虑、不安	0	1	2	3
2.我无法停止或控制自己的担心	0	1	2	3
3.我过于担心各种事情	0	1	2	3
4.我难以放松	0	1	2	3
5.我坐立不安	0	1	2	3
6.我容易生气上火	0	1	2	3
7.我感到害怕，好像会发生糟糕的事	0	1	2	3
1~7题的总分				

计分方法：把每一题对应选项的分数直接相加，得出总分。

总分各分数段对应的解释：

0~4分表示无焦虑；

5~9分表示轻微焦虑；

10~14表示中度焦虑；

15~21分表示高度焦虑。

第 17 天

愉快事情列表

`

49. 核心练习：清理负性思维（第 13 次）

时间	事件	情绪	自动思维
	引起负性情绪的事件、情境或回忆	1. 情绪类型 2. 评定情绪强度（0～100分）	1. 情绪背后的想法 2. 评定对每个想法的相信程度（0～100分）

想法评估	新想法	效果
1. 有用吗？ 2. 真的吗？ 3. 又怎样？	1. 更符合现实的新想法 2. 重新评定对原想法的相信程度（0~100 分）	1. 重新评定情绪强度（0~100 分） 2. 可以进一步采取的行动

50. 识别"心理病毒"：综合练习

下面是人们常见的一些想法，你能够识别出病毒类型，并说出不合理之处吗？

例："我所有的努力没有一点儿用处。"

你认为这个想法主要的病毒类型为：__A__。

A. 全或无思维　B. 过分泛化　C. 心理过滤

D. 抹杀积极体验　E. 读心术　F. 预言术

G. 夸大或缩小　H. 情绪推理　I. "必须"与"应该"

J. 贴标签　K. 过分承担或推卸责任

这个想法的歪曲之处在于：看待事物"非黑即白"，如果自己的表现不够完美，就认为自己彻底失败了。

① "我永远都好不起来了！"

你认为这个想法主要的病毒类型为：_____。

A. 全或无思维　B. 过分泛化　C. 心理过滤

D. 抹杀积极体验　E. 读心术　F. 预言术

G. 夸大或缩小　H. 情绪推理　I. "必须"与"应该"

J. 贴标签　K. 过分承担或推卸责任

这个想法的歪曲之处在于：...

....

② "假如这次考试没考好，我的人生就失败了。"

你认为这个想法主要的病毒类型为：........。

A. 全或无思维　B. 过分泛化　C. 心理过滤

D. 抹杀积极体验　E. 读心术　F. 预言术

G. 夸大或缩小　H. 情绪推理　I. "必须"与"应该"

J. 贴标签　K. 过分承担或推卸责任

这个想法的歪曲之处在于：...

....

③一个人的婚姻破裂了，她想："男人真是没一个好东西！"

你认为这个想法主要的病毒类型为：........。

A. 全或无思维　B. 过分泛化　C. 心理过滤

D. 抹杀积极体验　E. 读心术　F. 预言术

G. 夸大或缩小　H. 情绪推理　I. "必须"与"应该"

J. 贴标签　K. 过分承担或推卸责任

这个想法的歪曲之处在于：.................... ....

....

④ "活着太痛苦了，只有死才能解脱！"

你认为这个想法主要的病毒类型为：.........。

A. 全或无思维　B. 过分泛化　C. 心理过滤

D. 抹杀积极体验　E. 读心术　F. 预言术

G. 夸大或缩小　H. 情绪推理　I. "必须" 与 "应该"

J. 贴标签　K. 过分承担或推卸责任

这个想法的歪曲之处在于：....................................

....

⑤ 一个人面临重大的考试或面试时，他想："糟了，糟了，我一定会失败。"

你认为这个想法主要的病毒类型为：.........。

A. 全或无思维　B. 过分泛化　C. 心理过滤

D. 抹杀积极体验　E. 读心术　F. 预言术

G. 夸大或缩小　H. 情绪推理　I. "必须" 与 "应该"

J. 贴标签　K. 过分承担或推卸责任

这个想法的歪曲之处在于：

⑥ "人们会发现我紧张，人们看到我的手在发抖。"

你认为这个想法主要的病毒类型为：＿＿＿。

A. 全或无思维　B. 过分泛化　C. 心理过滤

D. 抹杀积极体验　E. 读心术　F. 预言术

G. 夸大或缩小　H. 情绪推理　I. "必须"与"应该"

J. 贴标签　K. 过分承担或推卸责任

这个想法的歪曲之处在于：

⑦ "我的情绪马上要失控了！"

你认为这个想法主要的病毒类型为：＿＿＿。

A. 全或无思维　B. 过分泛化　C. 心理过滤

D. 抹杀积极体验　E. 读心术　F. 预言术

G. 夸大或缩小　H. 情绪推理　I. "必须"与"应该"

J. 贴标签　K. 过分承担或推卸责任

这个想法的歪曲之处在于：

答疑解析

①F，你预期事情结果会很糟，然后就把这一预测当成了一个既定的事实。

②G，过分夸大了事物的重要性。

③B，把婚姻破裂的负性事件推广到过于广泛的领域。

④A，非黑即白，是一种两极化的极端思维方式。

⑤H，依据情绪来推理，假定你的消极感受必定反映了事实。

⑥E，草率结论的一种，指即使没有明确的事实能支持你的结论，你也会武断地下结论说有人对自己做出了消极反应，而且根本就不去核实这个结论。

⑦H，依据情绪来推理，假定你的消极感受必定反映了事实。

以上答案仅供参考，因为有的消极想法属于哪一种"心理病毒"还要依情境而定，也有的消极想法属于多种病毒，答案并不唯一。

51. 列出你的愉快事情列表

在本书的"第 14 天"中，你列出了一些自己喜欢的事物，在此基础上，你可以尝试选择一些自己喜欢的事情去行动。这里介绍了一些和积极情绪有关的让人愉悦的事情，其中有的是活动安排，有的是关于寻找美好生活环境的。

① 走进大自然

② 结识一个新朋友

③ 计划去旅行或度假

④ 听故事，看小说，欣赏戏剧

⑤ 开车去兜风

⑥ 呼吸新鲜空气

⑦ 向别人真诚地表达自己的内心

⑧ 想想未来会发生的好事情

⑨ 开怀大笑

⑩ 与宠物玩耍

⑪ 一次敞开心扉的聊天

⑫ 参加一次聚会

⑬ 穿自己想穿的衣服

⑭ 在聚会中受到欢迎

⑮ 观察野生动物

⑯ 沐浴阳光

⑰ 分享家人或朋友的喜悦

⑱ 踌躇满志地准备一件事

⑲ 朋友来访

⑳ 欣赏美丽的风景

㉑ 吃好吃的东西

㉒ 做好一项工作任务

㉓ 觉察他人对自己的关注

㉔ 觉察异性对自己的青睐

㉕ 学习新的技能

㉖ 欣赏别人的优点并表达赞美

㉗ 想念喜欢的人

㉘ 拥抱和亲吻

㉙ 享受平和与安静的独处时光

㉚ 骑自行车探索城市

㉛ 逗别人笑

㉜与家人在一起

㉝观察大街上的人来人往

㉞对人微笑

㉟与爱人享受二人时光

㊱接受他人的称赞或鼓励

㊲主动联系老朋友

你通过这个列表得到了哪些启发？**每做一件愉快的事情，都会增强你做更多愉快事情的动机和情绪。**人们对愉快的感受各不相同，这个列表也无法包含所有你能做的快乐的事情，你还能列出其他事情吗？

....

....

....

....

....

....

第18天

积极的回忆和前瞻

52.核心练习：清理负性思维（第14次）

时间	事件	情绪	自动思维
	引起负性情绪的事件、情境或回忆	1. 情绪类型 2. 评定情绪强度（0～100分）	1. 情绪背后的想法 2. 评定对每个想法的相信程度（0～100分）

想法评估	新想法	效果
1. 有用吗？ 2. 真的吗？ 3. 又怎样？	1. 更符合现实的新想法 2. 重新评定对原想法的相信程度（0～100 分）	1. 重新评定情绪强度（0～100 分） 2. 可以进一步采取的行动

53. 积极的回忆

积极的回忆是指，当我们回顾过去时，带给我们积极感受的经历。通常情况下，你脑海中浮现的往事是积极的比较多，还是消极的比较多？**回忆的内容会影响情绪，如果消极的回忆比较多，我们就容易情绪低落。所以，我们有必要储备一些积极的回忆。**

你可以花时间有意识地梳理一下那些让你感到特别愉快的回忆，比如，某个时刻某人夸奖了你，对你评价很高；某次游戏或竞赛中，你表现特别好，得了第一名；某次你做了一个新的尝试，然后成功了，你感到非常开心；你给亲近的人准备了一个惊喜；……事情可以发生在近期，也可以比较久远。

当你被脑海中涌现的消极回忆侵扰时，当你心情有点低落或者觉得生活中缺少快乐时，就可以有意识地把你列出的积极回忆找出来，进行回味和思考，看看有什么可以借鉴的内容。即使没有，仅仅只是回味本身也能让你的情绪更加积极。

这里举一个例子，第十六任美国总统林肯年轻时患

上了严重的抑郁症，经常感到情绪低落、生活无意义，没兴趣工作，对未来充满了绝望。对此，林肯很苦恼，希望找到可以有效调节情绪的方法。有一次，他参加活动时受到了人们的赞扬。听到人们对他的期望后，他顿感心情愉快，又有了努力工作的动力。他将报纸上刊登的人们赞美他的报道剪下来，整理成册，并随身携带，感到沮丧时就拿出来看一下，以振奋精神。

下面，请尝试建立起你的积极回忆库，不断地充实它吧！你可以把回忆写在笔记本上，也可以存在手机的备忘录中，更可以用你自己喜欢的独特方式，只要方便查看和定期更新就好。随着库存量越来越多，你会发现，你的生活开始变得不一样了。

我的积极回忆：

....

....

....

....

54. 积极的前瞻

积极的前瞻是指，当我们设想未来时，要多进行积极的思考。我们常常会忘记思维平衡的重要性，太多时候都在关注最坏的可能性是什么，如何好好地预防，却忽视了思考最好的可能性。我们思考完最坏的和最好的可能性之后，才能更准确现实地评估未来趋势。

如果你目前处在抑郁状态中，正在休养，你可以思考："抑郁好转之后，我的生活会变成什么样？我要如何安排自己每天的生活？"这是一种积极的前瞻，不过，你其实还可以做得更多。你还可以问问自己："我向往的生活中有哪些方面和现在的不同？有哪些方面是我现在就可以实现的？"你可以现在就行动，使你的生活更贴近自己的设想，这也会让你更快地好转。

想一想，将来最好的可能性有哪些？你现在可以做些什么？

第 19 天

积极的人际互动

55. 核心练习：清理负性思维（第 15 次）

时间	事件	情绪	自动思维
	引起负性情绪的事件、情境或回忆	1. 情绪类型 2. 评定情绪强度（0～100分）	1. 情绪背后的想法 2. 评定对每个想法的相信程度（0～100分）

想法评估	新想法	效果
1. 有用吗？ 2. 真的吗？ 3. 又怎样？	1. 更符合现实的新想法 2. 重新评定对原想法的相信程度（0～100 分）	1. 重新评定情绪强度（0～100 分） 2. 可以进一步采取的行动

56. 如何进行积极的人际互动

积极的人际互动是指**在人际交往中，当一方讲述自己的一些情况、想法、愿望时，另一方给予积极的反馈**。按程度不同，积极的人际互动大体上可分为两种，一种是深入的，另一种是浅层的。

比如，妻子回家对丈夫说：

"老公，好消息，我要当科长了。"

丈夫如果给出深入的积极反馈，他会说：

"太好了，老婆，我早就知道你一定行，你真了不起。我们好好庆祝一下，今天不要做饭了，吃好吃的去！"

可想而知，妻子会感受到很好的支持，一定是很开心的。

还是刚才这个例子，听到了妻子升职的消息，丈夫说：

"不错，挺好的。"

这句话稍显平淡，但也算是积极了，只是相对来说程度比较浅。如果妻子的要求比较高，就可能会觉得有些不满意。但是请注意，它确实属于积极的人际互动。

与之相对立的是消极的人际互动，也可分为两种，一种是浅层的，另一种是深入的。

还是刚才这个例子，丈夫回应道：

"知道了，那又怎样。"

这句话没有表达出任何积极的支持，属于浅层的消极反馈。

消极反馈有时也可能是比较深入和复杂的，比如丈夫说：

"怎么办，以后你变得越来越忙，我们的日子还怎么过下去，你让我接下来该怎么办？"

可想而知，一个好消息收到这样消极的反馈，妻子的心情会变得多么难过，甚至愤怒。

用描述人际互动的方式来分析自己的生活时，你既可以分析自己是如何对待他人的，也可以分析他人是如何对待自己的。**你可以有觉察地在生活中和他人进行一次互动，想一想这属于哪一种人际互动，是消极的还是积极的？深入的还是浅层的？**

在令人愉悦的关系中，人们会习惯性地进行更多积极的互动。通过了解人际互动的模式，你能够有意识地建构积极的人际关系。你需要从自己做起，有意识地给予他人积极的反馈，而且是更深入、更复杂的积极反馈，并尽量避免给出太多的消极反馈。

那么，从现在开始，觉察一下你的人际互动模式，尝试进行一些练习吧！

积极互动中的言语技巧

积极互动中的言语表达不同，效果也会不同。积极的言语可能包括鼓励，但鼓励并非全是积极的，因为它有时也代表了此刻的现实是不够好的。最为积极的言语是表达赞美。如果是对待孩子，赞美的表达方式就不能过于简单。"你真聪明"这种话并不完全利于孩子的心理健康。其实，任何"简单粗暴"的赞美，都有给对方贴标签的成分，而贴标签会限制一个人，或者说把一个人太过简单地概括了。无论说"你真勇敢""你真坚强"还是"你真大方"，都带有贴标签的意味。

因此，更值得提倡的是一些具体的赞美方式。一种方式是表达自己的感受，比如"你这样照顾我，我觉得很幸福、很温暖"。没有夸大也没有片面，这是一种很好的赞美方式，也是一种表达感恩的方式。另一种方式是指出对方所做的事情带来的良好效果，比如"你的这个决策真好，让我们少绕了 20 分钟的路，为大家节省了时间"。这是一个很具体的效果描述，一个非常有力的现实证据。在表达赞美和感恩时，言语越具体，越会为对方带来更深、更多的积极体验。如果我们没有那么多想说的话，也可以使用一些简单的表达，比如"谢谢""这样真好"，等等。

积极反馈的背后是一种需要明确的态度，即无论我们与家人和朋友多么亲近，都不能把对方为我们的付出，哪怕是很小的付出，视为理所当然，包括妈妈为我们准备早饭，配偶帮我们拿一样东西或倒一杯水，朋友顺便给我们买样东西或捎一个口信，等等。不把别人的付出视为理所当然，就是在培养自己觉察积极信息的能力。别人为我们做任何小事时，我们都能看到这是一种积极的人际互动。当我们具备这样敏锐的觉察时，就更可能给予他人积极的赞美和感恩。

57. 给他人一个惊喜

给他人一个惊喜，就是做一件为他人服务、让对方感到愉悦的事情。 你不见得要提前告诉对方，或者提前了解对方喜欢的事情。但如果你确实不知道该怎么做，也许可以找对方商量和询问一下。这件事是不会给对方造成困扰的，是你自发为对方做的，可以是任何事情，对方可以是熟人也可以是陌生人。比如，有新闻报道过，一个人在快餐店买了上千份食物和饮料，所有走进店里的人都可以免费拿一份。我看到这个新闻时就在想，难道他是在做这个情绪调节的练习吗？

也许有人更愿意为自己的亲朋好友做些事，比如，帮助常年负责做饭的家人偷偷地准备好饭菜；或者为朋友周到地安排一项有趣的活动，对方只需要享受；又或者写一封信，表达自己对某位长辈的感谢；……这些都是你可以参考的形式。

当我们做出这种给予的行为时，就在调动自己的力量关注生活中的积极面，这既是在行动上，也是在想法上让自己变得更加积极。我们可以经常问问自己：我能做些什么有意义的事情？我能做什么样的事情，让他人快乐和欢喜呢？

第 20 天

接纳和奖赏自己

58. 核心练习：清理负性思维（第 16 次）

时间	事件	情绪	自动思维
	引起负性情绪的事件、情境或回忆	1. 情绪类型 2. 评定情绪强度（0～100 分）	1. 情绪背后的想法 2. 评定对每个想法的相信程度（0～100 分）

想法评估	新想法	效果
1. 有用吗?	1. 更符合现实的新想法	1. 重新评定情绪强度（0~100分）
2. 真的吗?	2. 重新评定对原想法的相信程度（0~100分）	2. 可以进一步采取的行动
3. 又怎样?		

59. 接纳自己的言语练习

情绪调节的主要目标是促进一个人更客观地认识自己。**自我接纳是指我们通过各种方式充分地接纳真实的自己。**

很多时候，我们受到情绪问题的困扰，就是不愿意接纳自己，不愿意看到自己真实的样子，或者用苛刻的眼光挑剔自己，把个人的特点看成缺点。比如，有些人在生活中注重整洁，却不能很好地接纳自己，认为自己追求整洁是一种吹毛求疵，会给别人带来不良的影响；有些人在生活中相对悠闲，却不能很好地接纳自己，认为悠闲阻碍了自己积极进取，是一种懒散的表现。

我们永远都可以找到自己身上值得挑剔的地方，因为没有人是完美的。一个人陷入负性情绪，特别是陷入抑郁的背后，实际有一种很强的动力：他首先很沮丧，然后对自己很苛刻，认为自己不够好，接下来找出许许多多的证据来证明自己确实不好。有时我们产生了情绪，就一心想要证明：我这样沮丧、这样对自己不满意，是合乎道理的。显然，这是一种名为情绪推理的"心理病毒"在作怪。

我希望，通过一些积极的练习和对一些消极想法的评估之后，你能够从内心深处改变一些"不接纳自己"的信念，比如"我不够好""我不懂爱""我很笨""我没有能力"等贬低自己、摧毁自己的言语。这些言语很可能来自过往生活中一些对你非常苛刻的人，甚至来自一些自身就有问题的人。这样的言语持续伤害着我们，我们为什么要从内心深处认同这样的言语呢？

接纳自己的言语有很多，它们可以是：

"我这样也没有什么不好。"

"我这样又有什么不可以。"

"我是可以这样的。"

"我不但可以这样，也可以那样。"

"我可以喜欢整洁的时候整洁，不喜欢整洁的时候懒散。"

"我可以在很多时候讲道理，但偶尔我也可以耍点小脾气。"

"我可以有多种多样的自由，有多种多样的特征，我并不需要被任何一个标签锁定。"

"我并不需要被'锁定'为是聪明的，也并不需要被'锁定'为是愚蠢的。"

"我并不需要所有的人都喜欢我。事实上，我也知道这并不可能，这根本就是一个不切实际的目标，但不管有多少人不喜欢我，我都知道我一定是一个有价值的、值得爱的人。"

"我不需要达到某个目标后才能享受人生，我不必事事正确，我不用比别人更懂事。"

"我的存在即是价值，我无须借助外在的评判标准来衡量自己的价值。退而言之，就算达不到那些标准，又怎样呢？"

……

你可以把这些话大声地读出来吗？除了这些，你可以找到更多自我接纳的语句吗？

....

....

....

60. 积极地奖赏自己

缺少积极的行动，与抑郁状态有一定的联系。在抑郁形成的原理中，有一种观点认为，一个人之所以陷入抑郁，是因为生活带来的积极奖赏比较少，这里的**"奖赏"是一个广义的概念，不是只指奖金，也不限于表扬，而是包括生活中各种各样能够让我们愉悦的人、物和活动。**"奖赏"可能是一个对我们很友好的人，也可能是一块很好吃的奶酪蛋糕，还有可能是我们安排的某个庆祝活动，或是处在某个让我们觉得舒服愉快的环境之中。

每个人都需要尊重自己的需求，尊重自己的愿望，使自己的生活处于一种平衡状态。不管处在什么样的坏境中，都不要完全放弃积极的行动，而要为自己、为家人的生活创造快乐。多给自己一些奖励，包括照料自己的身体，吃好吃的，看喜欢的电影，去喜欢的地方……

接下来，你想要如何奖赏自己呢？

奖赏自己，才能更好地照顾家人

很多抑郁症患者的家属也会陷入起伏不定的抑郁状态之中，因为他们把关注点都放到了自己所爱的家人上，忽视了自己的情绪状态。照顾患者时，由于太关注患者的需要，他们可能会忽视自己对愉快情绪的需要，有的人还会不由自主地克制自己生活中产生的愉悦感。他们认为，自己的家人在生病、在住院、在病榻上，此时去逛街、看电影是一种罪恶，所以会感到内疚，会情不自禁地放弃本该拥有的一些愉悦体验。事实上，这种情不自禁，会导致患者家属的生活也变得越来越窄，变得只有义务而缺少快乐，久而久之，他们自然也容易陷入抑郁的状态。注意，这种过度的自我束缚是不利于健康的。即使去跟朋友逛街、看电影，也并不是对家人的背叛，而且，如果让自己陷入了不良的情绪状态，对于照顾家人也是不利的。

第 21 天

结束，也是新的开始

61. 核心练习：清理负性思维（第 17 次）

时间	事件	情绪	自动思维
	引起负性情绪的事件、情境或回忆	1. 情绪类型 2. 评定情绪强度（0～100分）	1. 情绪背后的想法 2. 评定对每个想法的相信程度（0～100分）

想法评估	新想法	效果
1. 有用吗？ 2. 真的吗？ 3. 又怎样？	1. 更符合现实的新想法 2. 重新评定对原想法的相信程度（0～100 分）	1. 重新评定情绪强度（0～100 分） 2. 可以进一步采取的行动

62. 抑郁情绪的简要评估（第 4 次）

抑郁自评量表

下面 9 个句子描述的是人们在生活中常有的一些感受。请根据你在最近一周中的情况，在相应的选项下打"√"。

	无或少于 1 天	1～2 天	3～4 天	5～7 天
1. 我感到悲伤难过	0	1	2	3
2. 我觉得沮丧，就算有家人和朋友的帮助也不管用	0	1	2	3
3. 我不能集中精力做事	0	1	2	3
4. 我生活愉快	3	2	1	0
5. 我觉得孤独	0	1	2	3
6. 我提不起劲儿来做事	0	1	2	3
7. 我感到消沉	0	1	2	3
8. 我感到快乐	3	2	1	0
9. 我觉得做每件事都费力	0	1	2	3
1～9 题的总分				

注：第 4 题和第 8 题为反向计分。

计分方法：把每一题对应选项的分数直接相加，得出总分。

总分各分数段对应的解释：

0～9 分表示你当前没有抑郁问题，情绪基本健康；

10～16 分表示你当前有一定可能性存在抑郁问题；

17～27 分表示你当前存在明显的抑郁问题。

63. 焦虑情绪的简要评估（第 4 次）

广泛性焦虑量表

在最近两周里，你是否出现过下列感受？在相应的选项下打 "√"。

	完全没有	有几天	超过半数时间	几乎每天
1. 我感到紧张、焦虑、不安	0	1	2	3
2. 我无法停止或控制自己的担心	0	1	2	3
3. 我过于担心各种事情	0	1	2	3
4. 我难以放松	0	1	2	3
5. 我坐立不安	0	1	2	3
6. 我容易生气上火	0	1	2	3
7. 我感到害怕，好像会发生糟糕的事	0	1	2	3
1～7 题的总分				

计分方法：把每一题的对应选项分数直接相加，得出总分。

总分各分段对应解释：

0～4 分表示无焦虑；

5～9 分表示轻微焦虑；

10～14 分表示中度焦虑；

15～21 分表示高度焦虑。

最后的话

　　到这里，情绪调节训练的一个周期已经完成了。但很多练习是需要持久坚持的，也许要根据自己的状况循环练习多个周期才会更有效。你甚至可以形成自己的一种生活方式。最后，值得注意的是：只要你坚持练习，再遇到情绪困扰时，你就至少拥有了三个方面的资源（见图 2）。

　　第一方面的资源：活动。你可以主动进行各种各样的活动，无论是清理负性思维的练习、运动、和朋友一起体验愉快事情列表中的事项，还是给自己一个惊喜，这些都是你的资源，希望你能够在生活中持续地运用它们和丰富它们。

　　第二方面的资源：奖赏。包括照料自己的身体，吃好吃的，看喜欢的电影，去喜欢的地方，也包括唤起一些愉悦的记忆。有时候，我们身未动心已远。要尽可能地让自己向更多的经验开放，去体验更多的快乐。

最后一方面资源：支持你的人。包括在你身边的那些支持你的人（如亲友），也包括你可以去寻求帮助的心理健康专业人员。人是一种非常有力量的、能助我们度过艰难时刻的资源。及时寻求别人的帮助，也是勇气和智慧的体现。

图2　情绪调节的有效资源

第二部分

情绪调节
拓展知识

第 1 篇

抑郁背后的想法

　　在认知疗法中，我们把抑郁的认知特征归纳为**消极的三环（图 3），**即自我、经验和未来，抑郁的人对这三个领域的认识都非常消极。一个人陷入抑郁时，很容易认为自己不够好，没有价值，内疚自责，自我贬低。他会觉得自己很失败、很倒霉。展望未来时，他觉得人生是一片苦海，可能是一片黑暗，甚至对未来感到绝望。

　　消极的三环中，最核心的是自我评价偏低。人生在世，对我们来说最重要的关系，可以分成三类，最外层的是人和世界的关系，其次是自己和周围人的关系，最内层的是人和自我的关系。一个人如何对待自己，是善待自己，还是苛求自己，会直接影响情绪状态。

图 3　消极的三环

　　人与自我的关系，常受到成长经历中家人对待自己方式的影响。 如果我们有一位非常严厉的家长（无论是父亲还是母亲），自己怎样做他们都不会满意，我们就容易苛责自己。如果孩子的家长性情非常暴躁，因为一点小事就发脾气，甚至打孩子，孩子也会莫名觉得自己时常犯错，容易低估和贬低自己。此外，童年的一些家庭变故也对个人成长不利，比如过早和父母分离，又没有得到其他方面的有效支持，孩子就可能会在无意识中觉得自己在某些方面有缺陷；就算他们成功获得了别人的喜欢，也还是会隐隐地觉得自己存在某种潜在的缺陷，并且很担心别人发现这个有缺陷的、不那么好的自己。

父母的不良婚姻关系以及不安稳的家庭环境，也会让孩子产生无意识的内疚。比如父母经常吵架，孩子会觉得自己也是有过错的，仿佛父母吵架是自己导致的一样。对此，有的孩子会希望通过努力学习或其他方式来取悦父母，企图改善父母之间的关系。但是，父母的婚姻关系并不会因为孩子学习好、表现好而得到真正改善，真正需要改善的是夫妻对待彼此的态度和行为方式。所以，孩子即使做了很多努力，也往往收不到好的效果，在内疚自责的同时，又会增添无助的感觉。**不良的早年成长环境会使孩子为了达到某种不切实际的高标准去努力，去要求自己。**如果没有做到极致，就是失败，自己就没有价值。我们知道，如果用这种全或无思维去衡量人的价值，生活中就会产生很多问题。

对于抑郁的消极认知，特别是一些自我评价过低的想法，可以用"九字真言"进行评估，进而调整。比如，面试失败后，一个人出现了"我真没用"的消极想法。

第一问，"有用吗？"这个想法能使我生活得更幸福吗？不，它只会使我更沮丧。它能帮助我解决现实问题吗？并没有帮助，当我沮丧时，我解决现实问题的能力也不容易发挥出来。

第二问，"真的吗？"有哪些证据证明我真的没有用？我可能会列出刚才的面试失败经历，或者有些人对我的批评和苛责。那么，有没有反驳的证据呢？有的，我曾经做过一些事情，承担过一些角色，表现还是不错的，虽然有些不是大事，可能比较琐碎，例如完成了一次小组作业的汇报展示或成功组织了一次志愿活动等。我相信，每个人能够找出许多反驳的证据。

当然，这个想法不适合用第三问"又怎样？"来评估，或者说评估的价值不大。

第 2 篇

焦虑背后的想法

　　焦虑是我们生活中非常普遍的一种情绪，未必达到病态的程度，也未必是不健康的。但是，焦虑与抑郁、愤怒等各种负性情绪都有密切的关联，而且常常是焦虑先发生，其他情绪在一段时间后才出现，或者是为了掩盖焦虑而出现的。

　　人的正性情绪和负性情绪并不是完全区分开的。一些负性的、让人难受的情绪，有时候也可以发挥积极的作用，可以让我们改变不如意的现状，让我们应对一些生活的困境，等等。**负性情绪之所以长伴人类，是因为它有价值，有适应生存的意义。**你选择这本书，也许出于两层原因：一方面，你希望可以把自己的情绪调节得更好，而且相信自己可以做到；另一方面，你也许对自己的现状不够满意，经常苛责自己。其实，大多数促使人改变现状的原因都包含这两方面。

同样，**每个人身上都有向上的和向下的两种力量，"想要改变自己"和"不想改变自己"两种想法的共存，其实是向上的和向下的力量在起作用。**如果用心理学的术语来描述，我们会使用弗洛伊德所说的"生本能"和"死本能"这样的概念。一方面，我们求生，希望自己的生命力更加旺盛，让我们进一步成长。另一方面，我们每个人的心灵深处也有一种毁灭的冲动，想毁灭自己，让自己过得更糟糕。当然，"死本能"这个概念自从弗洛伊德提出以来就备受争议，因为人们不太愿意相信，即使生活艰难，又怎么会轻易产生毁灭自己的想法。但是，人的身上确实有一种向下的力量。**向下的力量是指，明明知道怎样可以过得更好，你也有能力做到，你却不愿意走出第一步。**例如，明明知道坚持锻炼身体会更好，但就是不愿意去锻炼；明明知道少喝些酒会更好，但就是忍不住又拿起了酒杯；明明知道和朋友去春游是有好处的，但就是不受控制地拒绝了。

那么，焦虑的背后是向上的还是向下的力量？我们可以把焦虑粗略地分成两类，一类是在给予你向上的力量，告诉你有一件该做的事情你没有去做，你错过了，你很遗憾没有抓住机会；另一类焦虑更多展现了一种向下的力量，它在贬低你、责备你，在夸大不必要的危险，干扰你本可享受的生活。

很多焦虑的人常常相信焦虑是有用的，即相信：即使我为生活多付出了 100 倍的担忧，但只要这些担忧中有一个是对的，一切就是值得的；不怕一万，就怕万一，事情发生时，因为我考虑过了，会有心理准备，所以担忧是有用处的。这是焦虑的人无法放弃自己担忧的一个深层原因。这种貌似合理的原因背后其实是一种向下的力量，因为当我们不停地为各种事情担忧时，我们事实上已经严重地破坏了自己甚至他人的生活。向下的力量有时会以一种非常合理的面目出现，所以我们需要时时警惕。

焦虑背后的想法通常可分为三类，分别用 A、B、C 来代表。

A 类：合理的担忧。 首先在用"真的吗？"评估时发现，这种焦虑的想法是真的，即问题真的会发生。然后你在用"又怎样？"评估时发现，你需要做些事情来进行应对，即为担忧制订应对方案。比如说，离考试只有半个月时间了，学生非常焦虑，觉得需要复习的东西太多了，不复习是没有办法考好的。这种想法是合理的，该怎么办？当然是花更多的时间去复习。所以，这种焦虑可以通过努力做事情来缓解，可以用具体的策略来应对。

B 类：**不能掌控的担忧**。这种焦虑背后想法的评估结果也是真的，但你做不了任何事情来应对。比如说，考试已经结束了，你担心自己没考好，因为你确实有几道大题没有答对，对此感到非常不安，这属于真实的担忧，但你没有办法做任何事情进行弥补。

C 类：**过度的担忧**。评估结果不是真的，或者说问题发生的概率极低。比如说，我每次坐飞机都担忧自己会死掉，这就是一种过度担忧。

对焦虑背后的想法进行分类后，就可以采取不同的应对策略。A 类是合理的担忧，应该做事情去解决。B 类是不能掌控的担忧，C 类是不合理的、过度的担忧，你需要对这两类进行调整。

第 3 篇

....

愤怒背后的想法

　　愤怒和抑郁之间的关系是怎样的呢？有一种观点认为，**压抑愤怒可能会导致抑郁**。抑郁和愤怒情绪背后有着一些共同的生理机制，包括一些相似的遗传基础，这表明它们之间存在着一种深层的联系。我们关于心理健康的一些研究也发现，[6]**与大多数人相比，经常压抑情绪而不表达的人，情绪抑郁的程度更重**。有些人在生活中几乎不做任何抗争，在大多数人都会觉得生气的情境中逆来顺受。比如，被领导百般羞辱、横加指责，让周围的同事都看不下去时，他们却默默地承受，不辩解，一直忍受这种状态，然后慢慢地积累着负性情绪，最后达到了抑郁的程度。

愤怒是我们生活中比较难处理的一种情绪，它和抑郁、焦虑的一个重要区别在于苛求的对象不同。抑郁和焦虑主要是对自己有苛刻的高要求，愤怒则更多是对别人有苛刻的高要求。觉得别人"怎么可以这样""这样太不负责任了"，或者"这样真是太愚蠢了"等。对别人的苛求也许是由某个事件激发的，但苛求背后是有很多想法在支撑的。

心理学家阿尔伯特·埃利斯（Albert Ellies）曾经把造成人各种痛苦情绪的信念归纳为三类. **第一类是对自己的苛求**，即"我必须非常有能力，要成功，必须赢得他人的爱，否则我就没有价值"。**第二类是对他人的苛求**，即"其他人在任何时候、任何条件下都必须公平合理、待我友好，如果做不到，他们就是坏人，是可恶的人，甚至不该生活在这个世界上"。**第三类是对世界的苛求**，即"我所生活的世界必须是安全的、好的，如果不是这样，我就无法忍受"。

这三类苛求在大方向上是没问题的，但是强烈程度过高就会产生问题。比如，对自己有要求、希望自己成功、希望赢得别人的爱是合理的，但是如果要求自己必须成功，否则自己就没价值，问题就出现了。相对而言，"我希望我能成功"这个要求更为缓和，是合理的。再比如，"我希望别人对自己友好一些，与他们愉快地相处"这个要求是合理的，但如果你希望所有人都对你友好，这个要求就是过分的、不合理的。对世界的要求也是如此，"希望这个世界是安全的、美好的"，这种愿望非常健康，但如果在后面加上一句"如果这个世界不是我想象的那样，我就无法忍受"，情绪就会变得很强烈，甚至极端。所以，你需要注意是否对自己说过"我无法忍受"，无论是无法忍受自己，还是无法忍受他人和这个世界，这个句式都会使负性情绪变得更强烈。

我们调整愤怒情绪，追求的最佳状态是不生气，但我认为，不生气也是一个过高的要求，适度的要求应该是让愤怒强度与事件大小基本吻合，愤怒的强度不要太强，持续的时间不要太久。比如，你被别人误会，还被骂了，在这种情境下生气五分钟也许是正常的，但是如果你过了两天还在生气，愤怒的时间就过长了；如果你气呼呼的，有点恼火，那么这种愤怒强度是和情境基本相符的，但是如果你咬牙切齿，要杀掉对方，这个强度就是过度的。

愤怒与其他情绪一样，也有一定的价值。生活中的一些事情确实是不公平的，会让人愤怒。比如，你看到一起校园暴力事件，觉得这是不应该的，会感觉很愤怒，这是合理的。愤怒会帮我们调动身心的能量，让心跳得更快，力气变得更大，然后更有力量去抗争，去保护弱小，让生活成为它该成为的样子。**当我们需要拍案而起、据理力争之时，我们要让愤怒成为一种力量，去推动我们更有勇气地追求公平与正义。**

当然，对于过度的愤怒，我们是需要调控的。处在愤怒状态下失手犯错的例子在生活中并不少见。比如，有的父母对犯错的孩子，可能并没打算狠狠一巴掌打下去，但是愤怒情绪可能会让他们出手非常重，甚至明明心里在暗悔了，嘴上却还要逞强，这样做对孩子、对自己、对家庭都是有伤害的。**我们每一个人都需要学会适度地、合理地、有效地表达愤怒。**

第4篇

拖延背后的想法

为了了解拖延认知（想法）的特征，我们可以设想以下两个情境。

情境一：有一块木板，宽20厘米，长10米，铺在地上。让你从一端走到另一端，你觉得有困难吗？

情境二：还是情境一中的木板，同样的宽度，同样的长度，但是架在两座高楼之间，离地100米，你走过去有没有困难呢？

对于情境一，多数人应该都不会觉得困难，因为它有20厘米那么宽，可以很轻松地走过去。然而对于情境二，我相信绝大多数人都不敢走过去，就算要走，也一定会战战兢兢的。两个情境表面上任务难度一样，但是如果你从情境二中的木板上滑下来，后果是非常严重的。这个情境设想启发我们，拖延的人在做事情时，就如同把平地上的木板架到了100米的高空中，他们把事情的意义夸大了，会认为如果失败，情况就会变得非常危险，从而踌躇不前。

比如，你要准备一个工作总结报告，这个报告仅仅是对你一年工作的简要回顾，并不涉及其他，用平常心去完成即可，这个状态就如同木板在地上。然而，如果你认为报告不仅是对工作的简单回顾，还关乎你的个人价值，做不好报告代表你这个人没有价值，做得好你才有价值，你就赋予了准备报告一个证明自我价值的功能，夸大了它本来的意义，就如同把本来在地面上的木板架到了高空中一样，令自己望而生畏，从而导致拖延行为。

我们常说，**要保持一颗平常心，回归任务本身，任务的进展反而会更顺利。但是我们有太多时候，会无意间把很多事情当成了对自我价值的证明。**例如"和别人聊得很愉快，对方很喜欢我，我就证明了自己的价值；和别人聊天时我显得很无趣，好像还说错了话，就证明我没用"。每个人在心理上都渴望自己是有价值的，但是，如果我们把各种事情都与自我价值联系起来，那就难怪会对很多事情感到紧张和压力巨大了，而这也会导致我们在做事情时忽略其本身的真正意义，只关注一个目的：证明自己的价值。

拖延背后可能存在什么样的消极想法呢？也许就是我们把要做的事情想象得过于严重了，自己被自己吓到了。针对拖延的消极想法，你同样可以用自动思维记录表来记录拖延行为，记录当自己想要拖延时有什么样的情绪、什么样的想法，然后去评估这些想法，"有用吗？真的吗？又怎样？"你还可以考虑增加一两栏，比如，当你拖延做一件事时，你实际上在做什么？在你拖延后，你的情绪会怎样？

我们还可以通过**把大目标细分成子目标的方法来改善拖延行为**。当目标任务看起来很难完成时，可以试着把任务分解成一个个具体的小目标，并制订出一个具体的包含方法步骤、时间和地点等内容的工作计划表，当任务明确而清晰、方便执行时，你就不会那么害怕了，拖延行为就会得到缓解。

此外，也有学者认为，拖拉一点也无妨。很多人虽然拖延很严重，但也取得了一些成就，这是为什么呢？因为一个喜欢拖延的人可能会把自己认为最重要、最关乎自我价值的事情排在日程安排的最高处，不敢去做它，可是，为了逃避做这件事，他可能会去做些有助于成功的其他事。就好比明天要考试了，我认为复习最重要，但我没去复习，而是在调节心态，但调节心态也是考试准备的一部分。

这种现象为我们提供了一种策略：**可以把一件特别艰难的、特别重要的，甚至是人生中最重要的事情排在日程安排的顶端，因为这件事情太重要，我们可能会拖拉，甚至不会去做它；但是，我们可以去做其他的事情。也许我们没完成那件看似"最重要"的事情，但是换个角度来看，我们仍然做了很多有意义的事情，积累起来也会收获不小的成就。如此，拖拉一点又何妨？**

第 5 篇

无条件的自尊

我在心理咨询与治疗过程中发现，**当一个人处在无条件接纳的、安全的、爱的环境中时，他会有更向上的力量，更能够发挥自己的潜能。**那么，如何不过分在意外界对自己接纳与否，而自行实现对自己的无条件接纳呢？**我们需要不依赖于达到某个标准或赢得某个人的爱，也能感受到自己的价值；我们需要不依赖于任何片面的观点，相信自己就是有价值的。**也许有人觉得你不够可爱，但你就是有价值的；也许有人觉得你的成绩不够好，但你就是有价值的。

人们获取自尊的方式通常有三种：

第一种自尊是在与他人做比较时形成的，即"如果我比他人更强、更聪明、更美丽，我就觉得自己有价值"。我们可以看到，社会上很多人都是这样获取自尊的。当然，作为一名社会成员，与别人进行合理的比较是有必要的。但是，如果什么都拿自己去和别人比较，就会产生问题，因为每一个人都是独特的，有所长也有所短，用同一标准与不同的人来做比较，你总会有比别人差的地方，难免会产生沮丧感，从而损伤自尊。即使你达到的标准比别人更高一些，这又怎样？有利于人成长的是更好地觉察自己、接纳自己，而不是和他人做比较。

第二种自尊是在一个人和自己的过去做比较时形成的，即"如果我比过去做得更好，我就觉得自己有价值"。我们在很多时候都比较崇尚这种自尊方式，比如很多家长教育孩子时经常会说："不要去和别人比，要和自己比，如果今天比昨天进步了，你就很了不起。"但是，这种获取自尊的方式就是最好的吗？仔细想一想，它也有问题。比如，人的智力如果简单地用反应速度来判定，可能 20 岁以后就开始走向下坡了；人的体能巅峰是在青壮年时期，此后一路下滑。如果我们在这些方面跟自己比，就会觉得自己在不断地变差，在中老年的人生阶段中觉得自己没有价值，越来越失望和沮丧。可见，这也不是一种完全利于心理健康的比法。事实上，我们并不觉得人活得越久就越退步，因为我们在很多方面得到了更丰富的积累，所以不能简单地做纵向比较。

第三种自尊是无条件的自尊，即"我不需要跟别人比，也不需要比过去的自己更强，我自有存在的价值"。我更推崇这种自尊，因为这才是一种最扎实的安全感。人生在世，你可能会处于各种各样的环境中，体验各种各样的文化，遵守各种各样的规则，也许有的适合你，有的不适合。用不合适的标准衡量自己，就像天鹅掉在了鸭群里，之所以觉得自己很丑，也许只是因为用错了标准。选择用不合适或有局限性的标准来衡量自己，本身就是不公平的。当你看不起自己时，也许只是你选择的参照群体不对，即你所选的标准不对。

第三种自尊，或者说自我价值，其本质上等同于一种信念，即"无论外界如何变化，无论我曾经多么失败、多么低落，我内心深处永远相信自己是有价值的"。父母应该用这种信念对待孩子，无论孩子比同龄人落后了多少，都在内心深处坚信他们是有价值的，有向上成长的力量。这是父母对孩子最深层的爱，也是爱的底线。

　　每个人生活在世界上，都有自己的价值。李白说"天生我材必有用"，这句话不仅听起来很豪迈，也有心理学的道理。如果用比较开阔的心态去看这个世界，我们会发现，人们特点各异，且这些特点无法被简单地判断为优点或缺点，但只要得到适当地发挥，每个人都能找到他所适合的位置。

第 6 篇

改善睡眠质量

睡眠与情绪密切相关。在常见的负性情绪中，抑郁、焦虑和愤怒都可能对睡眠产生一定的影响；同时，睡眠问题也更容易导致这几种情绪的出现。

健康睡眠是指，我们能够比较规律地保障充足的睡眠时间，达到较高的睡眠效率。一个最佳的评估标准就是在睡醒之后感到精力充沛、神清气爽。每个人需要的睡眠时间是不一样的，有人需要的睡眠时间可能很短，甚至短于 5 小时，也有人需要 10 小时甚至更久的睡眠才会感觉睡得充足。因此睡眠时长的充足与否主要取决于个人的需要。

睡眠会受生物钟影响，因此，良好的作息习惯是保证睡眠质量的基础，具体是指每天都在大致相同的时间入睡，在大致相同的时间起床，而且上班或上学期间与节假日休息时没有太大差别。这个时差值越大就越会影响睡眠效率，损害睡眠健康。如果你平时都习惯于晚上10点睡觉，在周末却0点之后才睡，平时10点入睡的困难就会增加，即使入睡了，进入深度睡眠的速度也会变慢。所以，保持平稳的睡眠节奏是很有必要的。

　　除了难以入睡（通常指上床后30分钟还不能入睡），常见的睡眠问题还包括早醒、夜醒、晚睡、白天嗜睡等。睡眠问题会影响人的情绪和自控力，导致人的负性情绪增加，自我调节和自我控制的能力下降。要预防和应对睡眠问题，你可以从以下几个方面进行尝试。

　　1. 调节生理状态。晚上入睡难，早上起不来，应该怎样应对这种问题呢？为了保持作息规律，早上起床应该尽量准时，你可以设定闹钟或者请人叫你起来。如果你有夜间很晚才能入睡的问题，那么请参考三条建议：第一，早上要尽量早起，然后走出房间到户外去沐浴阳光，进行一些轻度的运动。接受日光的沐浴会影响人体内与睡眠有关的激素的分泌，从而使人彻底地清醒。第二，白天保证比较充足的体力运动，这样有助于夜间较早地入睡。有研究显示，一个人白天运动 2 个小时，夜间的慢波睡眠（不做梦、放松身体、消除疲劳的一个睡眠阶段）所占比例就会比较大。注意，运动的时间不能过晚，因为临睡前身体需要逐渐安静下来，运动量过大可能导致身体节律紊乱。第三，睡前一个半小时左右去洗热水澡，是有助于入睡的。洗完热水澡后，身体处于较热的状态，可以稍微休息一下，在床上安静地看看书、听听音乐。伴随着体温的下降，人处在较安静的活动状态时，睡意是比较容易来临的。同样，室温也要相对凉爽，或者说被子不要盖得太厚。冬天有暖气时，卧室燥热也会影响睡眠。

2. 改善睡眠环境。创造好的睡眠环境，你需要考虑三个方面：第一是温度要适宜。第二是光线不能亮。越是黑暗的环境，越有利于睡眠质量。如果你喜欢用小夜灯，建议购买有定时功能的产品，能在你入睡后自动关闭。第三是安静的环境会有助于深度睡眠。噪声会让人通过做梦来抵御睡眠中的干扰，从而影响睡眠深度。如果居住的环境比较嘈杂，你可能需要用更换隔音门窗、戴耳塞等方法来减少噪声的影响，以保障自己有一个更好的睡眠环境。

3. **减少睡懒觉或白天补觉**。就算夜间睡眠困难，我也不建议你早上睡懒觉或白天补觉，因为这些都是会让失眠程度加重的不良补偿方法。对于学习和工作压力大的人群，我建议中午进行半小时左右的午休，这样能够提高下午的注意力。但是，如果一个人夜间入睡困难，我就不建议这样做了，因为睡眠受到两个因素的影响：一个是生物钟，即每天的规律作息时间；另一个是人的缺觉程度。人越缺觉就越容易入睡。有些人因为晚上难入睡，早上就想多睡一会儿；或者觉得晚上睡眠不充足，中午犯困时就补一会儿觉。这种拆东墙补西墙的行为会导致晚上不容易困，加重入睡困难。

4. **焦虑时间管理法**。晚上难以入睡，常常是因为我们的脑海里有很多纷至沓来的想法。此时，我们无法控制自己的大脑让这些想法消失，常常辗转反侧，越是想睡，越是无法入睡。睡前思考往往不是理性思考，不仅干扰睡眠，更容易影响情绪。这时，你可以尝试焦虑时间管理法，可以在白天有意识地把想法列出来，也可以在床头放一个笔记本，睡前躺着想事情时，随时把这些想法记下来。注意，不要记几百字，一行就可以。然后，你要提醒自己，白天再去认真考虑这些事情，把思考各种事情挪到白天的合适时间。我们可以告诉自己：可能由于白天太忙，或者被别的事情分散了注意力，我们忽略了许多想法。晚间安静下来时，这些想法就浮现了出来，这说明这些想法是需要处理的，或者是还没有处理干净的。我们要以尊重和接纳的态度，简单地把它们记下来，白天再好好地整理。研究表明，人们可以在睡前 5 分钟写下一份非常具体的待办事项清单，写下的任务越具体，随后入睡的速度就越快。[7]

我们要在白天腾出一段主动处理这些想法的时间。比如，专门安排半个小时列出所有让你烦心担忧的事情，然后一一分析整理。此时，你也许会发现，有些想法背后的问题是需要做些事情才能解决的，比如说，你可能在晚上后悔自己在人际交往中没有谈吐得体，那么这需要在行动中进行练习，你与其在晚上思虑，不如在白天有意识地去做沟通方面的练习。

5. **等火车入睡法。** 有时我们夜醒后，会再难以入睡。一位专门研究睡眠和生理节律的朋友告诉我，**睡眠有时就像赶火车，如果错过了一趟，即使你全力地奔跑去追赶它，也是追不上的。你只有坐在车站里静静地等待下一趟火车到来。** 夜醒后难以入睡时，你可以告诉自己："不知道为什么，我错过了刚刚那趟火车，那么，我现在需要静静地等待下一趟，火车并不会因为我着急就迅速到来，车次之间总是会有一些间隔的。" 有的学者希望人们形成一种"在床上就睡觉"的行为习惯，睡不着时一定要下床，不要待在床上，以避免床和睡眠之外的功能产生联系。但是，我的观点相对宽松：如果你躺在床上舒服，那你就可以在床上等"火车"；如果在床上不舒服，就起来缓一缓或者坐在书桌前等"火车"。

此外，调整呼吸也是一种有助于睡眠的方法，你可以在睡前专注于自己的呼吸，做深入而缓慢的腹式呼吸。如果你的睡眠问题过于严重，你也可以在严格按照说明书或医生指导的前提下服用药物。还需要注意的是，电子屏幕的蓝光会影响睡眠，所以睡前尽量不要看电子屏幕，看纸质书会更好一些。

睡眠小贴士

睡觉时间到了，把卧室想象一个神圣之地，一个给予你能量、让你获得优质休息、疗愈身心的地方。为了提高睡眠质量，你可以留意以下几点：

1. 每天在固定时间上床睡觉（时间要合理，切忌拖得太晚），保持作息时间规律。

2. 睡觉前不在床上看电视、手机等，因为屏幕的蓝光会影响入睡。

3. 睡觉前3～4小时内尽量不要进食，特别是不要喝茶、可乐或咖啡。

4. 睡前洗一个热水澡，在体温逐渐下降中入眠。

5. 床上用品要保持柔软而舒适。

6. 卧室要保证安静、光线足够暗、温度适宜。

7. 睡前可以读一读自己喜欢的书，也可以深呼吸或冥想。

8. 睡眠时间是休息和恢复精力的时间，不是思考和解决问题的时间。可以集中安排白天的固定时间来思考。

9. 睡眠有时就像赶火车，如果你错过了这一趟，还可以等下一趟。

10. 早醒的时间会因季节的不同而产生一些变化。

附录 A

情绪调节 16 项技能汇总

技能名称	描述或举例
1. 运动	无论哪种类型的运动，运动永远比不运动好。运动可以有效改善情绪状况。
2. 想法评估	九字真言，即：有用吗？真的吗？又怎样？
3. 自动思维记录表	通过一套逐步分解和检查想法的思维过程，将消极想法转换为积极想法，并建立一种新的思维习惯。
4. 细分记录表	把自己一天的生活计划做得很细，也就是说，在记录生活里各种事情的完成情况时，用很细的尺度来标记。
5. 停止术	反复出现消极想法时，在脑海里告诉自己："这些声音就像一只乌鸦在说坏话，它又在冲我呱呱叫，我要把这只乌鸦赶走。"

技能名称	描述或举例
6. 分心术	专注于某种外在的活动，比如看电影、跑步等，来让自己分心，从而挤走自己大脑中的消极想法。
7. 焦虑时间管理法	像用扫帚一样，把散落在各个时间段的焦虑"灰尘"全都扫到一个时间段去处理。每天用半个小时把一天中的各种焦虑、各种担忧全都列出来。
8. 愤怒表达 ABC	这是一套句型，其中 ABC 分别代表愤怒表达的三个成分。第一个成分（A）指事实，第二个成分（B）指情绪，第三个成分（C）指对未来的希望。
9. 破唱针技术	如同唱针坏了的老式唱片机，反反复复地播放同一段声音。用于坚持自己的立场。例如："抱歉我不行，真帮不了你。帮不了你，我帮不了你，实在是帮不了你，我真帮不了你，很抱歉我帮不了你。"
10. 给自己一个惊喜	选择一件事情来做，选择的标准有两个：第一，你在过去的半年里没有做过这件事；第二，做这件事让你感到愉快、喜悦或清醒，例如一次散步、一次旅游，等等。
11. 愉快事情列表	创建能够让自己感到愉快的事情的列表，遇到情绪困扰时，选择这个列表中的一些事情去做。
12. 积极的回忆	有意识地梳理一些让自己感到特别愉快的回忆，增加积极回忆的储备。
13. 积极的前瞻	当我们设想未来时，要多进行积极的思考。
14. 积极的人际互动	在表达赞美或感恩时，言语内容更具体，会为对方带来更深入的、更多的积极情感。

技能名称	描述或举例
15. 给他人一个惊喜	做一件为他人服务、让对方感到愉悦的事情。
16. 积极地奖赏自己	用生活中各种各样能够让我们愉悦的人、物和活动来奖赏自己。

附录 B

"心理病毒" 的 "十宗罪"

名　称	内　容
1 全或无思维	看待事物"非黑即白"。例如"你没能全心全意地对待我，你就是不关心我，完全不关心我""活着太痛苦了，只有死才能解脱""你没有支持我，就是反对我"等。
2 抹杀积极体验	以"它不算什么"为理由拒绝积极体验，从而保持一种与你的日常生活经验相矛盾的消极信念。例如"我从来就没有好过""过去的所有好事都不算数"等。
3 过分泛化	把一件负性的小事作为后续所有失败遭遇的证据。例如一个人在婚姻中失败了，就说"男人没有一个好东西"。
4 心理过滤	挑出一个消极的小细节，对它进行过度的思考，使你对整个现实的看法都变得消沉，如同一滴墨，让整杯水都变了颜色。例如"我感到头痛，身体一定出了问题""我不知道的，就是不存在的"等。

名　称	内　容
	即使没有明确的事实能有力地支持你的结论，你也会做出消极的解释。
5．草率结论	（1）读心术：你武断地下结论说他人对你做出了消极的反应，却根本不去核实一下。例如：一个人在路上看到熟人，想打招呼，但这个熟人却像没看到他一样匆匆而过，于是，他想"这个人一定很讨厌我""人们会发现我在尴尬，人们看到了我的手在紧张发抖"。 （2）预言术：你预期事情结果都会很糟，然后就把你的预测当成一个既定的事实。例如"我将孤单一生！""我所有的努力都没有一点用处""我注定要失败""我的情绪要失控了""可怕的事情就要发生了"等。
6．夸大或缩小	夸大事物的重要性（如自己的错误或他人的成就）或不恰当地把事物缩得很小（如你自身的值得欣赏的品质或他人的缺点）。这是个"望远镜游戏"：你从目镜一端看积极的东西，从物镜一端看消极的东西。例如"为什么老天对我这样不公""为什么我这么倒霉""如果没有人照顾我，我就完了"。
7．情绪推理	你假定自己的消极感受必定反映了事情的真相。例如"如果我感到内疚，那一定是我做错了什么""我感到是这样，因此这一定是真的""如果有人看出我的担心，他们就会拒绝我""我的情绪马上要失控了""冒烟的地方一定着火了"等。

名　称	内　容
8. "必须"与"应该"	你用这些词把所有事（而不是真正有必要做的事）都变成紧急事件。例如"我必须表现得很好，并且获得别人的认可""别人必须公平地对待我""生活应该按照我的意愿发展""我今天必须要把这件事情完成""他应该对我心存感激""每个人都应该认可我"等。
9. 贴标签	你不是简单地承认自己犯了一个特定的错误，而是为自己这个人贴上了标签。那些看待事物的方式与你不同的人也被贴上了负面的标签。例如"我是个失败者""他是一个白痴""我是一个没有价值的人""我是一个懦弱的人"等。
10. 过分承担或推卸责任	将外在事件与自己或旁人进行关联，认为自己或旁人是某些外在消极事件的原因，即使这些事实际上不应由你或那些人负主要责任。例如"都是我的错""都是你的错"等。

参考文献

[1] CHEKROUD S R, GUEORGUIEVA R, ZHEUTLIN A B, et al. Association between physical exercise and mental health in 1.2 million individuals in the USA between 2011 and 2015: a cross-sectional study [J]. The lancet psychiatry, 2018, 5 (9): 739-746.

[2] 何津，陈祉妍，郭菲，等. 流调中心抑郁量表中文简版的编制 [J]. 中华行为医学与脑科学杂志，2013，22 (12)：1133-1136.

[3] KROENKE K, SPITZER R L, WILLIAMS J B W, et al. Anxiety disorders in primary care: prevalence, impairment, comorbidity, and detection [J]. Annals of internal medicine, 2007, 146 (5): 317-325.

[4] JOORMANN J, SIEMER M, GOTLIB I H. Mood regulation in depression: differential effects of distraction and recall

of happy memories on sad mood [J]. Journal of abnormal psychology, 2007, 116（3）: 484-490.

[5] KUEHNER C, HUFFZIGER S, LIEBSCH K. Rumination, distraction and mindful self-focus: effects on mood, dysfunctional attitudes and cortisol stress response [J]. Psychological medicine, 2009, 39（2）: 219-228.

[6] 王雅芯, 郭菲, 章婕, 等. 科技工作者心理健康状况 [M]// 傅小兰, 张侃, 陈雪峰, 等. 中国国民心理健康发展报告（2017-2018）. 北京: 社会科学文献出版社, 2019.

[7] SCULLIN M K, KRUEGER M L, BALLARD H K, et al. The effects of bedtime writing on difficulty falling asleep: a polysomnographic study comparing to-do lists and completed activity lists [J]. Journal of experimental psychology: general, 2018, 147（1）: 139-146.

练习结束小锦囊

你遇到了新的问题，不知道该如何应对？

其实你是知道的。或许只是因为情绪过于强烈，你一时没想起来有用的应对技能。

我们学习并练习过改变想法的技能：觉察自己情绪背后的想法，评估这个想法的现实性，用更符合现实的想法来替换它，这个技能适用于各种情境、各种情绪。

当然，这不会让你消除一切负性情绪，也不会帮你解决一切现实问题。但是它非常有帮助，因为很多时候，我们强烈的痛苦情绪，是源自不符合现实的、有偏差的想法，在我们觉察并调整这些想法后，痛苦也许还在，但程度会减轻。随着情绪趋于平静，我们也会恢复更多做理性决策的能力，能够更好地解决各种问题，更好地生活。

这就是给你的锦囊。你学到了很多非常有用的技能，再遇到困难时，记得拿出来用！

积极人生

《大脑幸福密码：脑科学新知带给我们平静、自信、满足》
作者：[美] 里克·汉森　译者：杨宁 等

里克·汉森博士融合脑神经科学、积极心理学与进化生物学的跨界研究和实证表明：你所关注的东西便是你大脑的塑造者。如果你持续地让思维驻留于一些好的、积极的事件和体验，比如开心的感觉、身体上的愉悦、良好的品质等，那么久而久之，你的大脑就会被塑造成既坚定有力、复原力强，又积极乐观的大脑。

《理解人性》
作者：[奥] 阿尔弗雷德·阿德勒　译者：王俊兰

"自我启发之父"阿德勒逝世80周年焕新完整译本，名家导读。阿德勒给焦虑都市人的13堂人性课，不论你处在什么年龄，什么阶段，人性科学都是一门必修课，理解人性能使我们得到更好、更成熟的心理发展。

《盔甲骑士：为自己出征》
作者：[美] 罗伯特·费希尔　译者：温旻

从前有一位骑士，身披闪耀的盔甲，随时准备去铲除作恶多端的恶龙，拯救遇难的美丽少女……但久而久之，某天骑士蓦然惊觉生锈的盔甲已成为自我的累赘。从此，骑士开始了解脱盔甲，寻找自我的征程。

《成为更好的自己：许燕人格心理学30讲》
作者：许燕

北京师范大学心理学部许燕教授30年人格研究精华提炼，破译人格密码。心理学通识课，自我成长方法论。认识自我，了解自我，理解他人，塑造健康人格，展示人格力量，获得更佳成就。

《寻找内在的自我：马斯洛谈幸福》
作者：[美] 亚伯拉罕·马斯洛 等　译者：张登浩

豆瓣评分8.6，110个豆列推荐；人本主义心理学先驱马斯洛生前唯一未出版作品；重新认识幸福，支持儿童成长，促进亲密感，感受挚爱的存在。

更多>>>

《抗逆力养成指南：如何突破逆境，成为更强大的自己》 作者：[美] 阿尔·西伯特
《理解生活》 作者：[美] 阿尔弗雷德·阿德勒
《学会幸福：人生的10个基本问题》 作者：陈赛 主编